科技法學探索系列02　范建得教授主編

元華文創

解構兩岸
知識產權證券化
法律實踐及其潛在挑戰

The Anatomy of Cross-Strait IP Securitization : The Legal Practice
and Potential Challenges

專利權證券化制度蘊含了兩種價值取向的拉扯與進而之融合，
這種融合是綜合衡量挖掘專利權價值與證券化融資需求的結果性表現。

費暘　范建得 ── 著

謝　辭

　　感謝清華大學科技法律研究所范建得教授對我的耐心指導與鼓勵，正是老師點亮了我法學研究之路的燈塔，從而使得本文能夠順利出版。

　　在此，我還要感謝眾律國際法律事務所創所所長范國華博士之推薦與共同指導，國華老師對於本文方法論的匡正，具有不可替代的積極作用，也正是國華老師，帶我領略了法律實踐與實證研究的奧妙。

　　感謝財團法人工業技術研究院技術轉移與法律中心執行長王鵬瑜律師之審閱與建議，讓我得以了解台灣工研院對於科技創新的執著堅持與奉獻，特別需要指出的是，在本文有關台灣無形資產融資實踐的研究方面，王老師給予了我十分寶貴的實務性建議，使得原本懸於閣樓的理論找到了實務根基。

　　同樣需要感謝的，還有開元法律專利事務所合夥人江國慶博士之修正意見，江老師的建議恰當限縮了我的研究範圍，使得本文的研究重點得以聚焦在專利法制度之原理與價值。

　　此外，還要感謝美國加州大學伯克利分校法學院在讀的李揚律師，他作為本書成稿的讀者與協助校稿人，使得本文最大限度的貼近法學注釋規範。

　　當然，本文的所有觀點及其潛在問題（如果存在），均為本人之責。

2020 年 8 月

序 言

　　專利權證券化制度蘊含了兩種價值取向的拉扯與進而之融合，而這種融合是綜合衡量挖掘專利權價值與證券化融資需求的結果性表現。在中國大陸現行的證券化實踐中，由於專利權評鑑機制的不足，使專利權證券化制度在執行層面出現「鼓勵創新」與「集合資本」的價值取向之爭，而打破這種衝突的關鍵在於——如何在最小化風險的基礎上，挖掘專利權之未來商業價值。基於上述問題意識，本文從專利權證券化的核心環節——「專利權評估」入手，藉由對於台灣無形資產融資模式的比較法研究，探討中國大陸專利權證券化在未來制度上的優化進路。

　　在研究方法方面，本文主要藉由中國大陸知識產權證券化實踐案例的分析，加之比較台灣 2019 年正式推行的無形資產融資模式及其實踐，歸納總結出中國大陸於專利權證券化實踐中的問題及其挑戰。從研究價值而言，本文所研究的專利權證券化呈現出立法層面與執行層面的差異性，實踐個案中關於專利權評估的不同標準及其背後所體現的法律邏輯，對於證券化制度應用於專利權融資的未來走向有著不同的指向作用。從宏觀層面來看，中國大陸的專利權證券化經驗也為其他國家和地區提供了一種專利權融資的實踐參考。

2020 年 8 月

目　錄

謝　辭

序　言

第一章　緒論 ·· 1

1.1 研究背景 ··· 1

1.1.1 中國大陸的投融資環境及其問題 ······························· 1

1.1.2 知識產權證券化的意義與潛在需求 ··························· 3

1.2 理論基礎 ··· 7

1.2.1 知識產權證券化原理 ·· 7

1.2.2 知識產權證券化一般性交易架構 ······························· 7

1.3 問題意識 ··· 13

1.3.1 資產證券化：債務紓困亦或融資多元化 ···················· 13

1.3.2 專利權證券化的特殊問題及其挑戰 ························· 15

1.4 研究範圍與方法 ·· 16

第二章　中國大陸專利權證券化：實踐現狀與發展瓶頸 ············· 19

2.1 中國大陸知識產權證券化的發展現狀 ·································· 19

2.1.1 知識產權證券化的相關政策梳理 ··························· 19

2.1.2 知識產權證券化的法律規範體系 ··························· 22

2.1.3 知識產權證券化的特殊目的載體 ··························· 25

2.2 中國大陸知識產權證券化的實踐個案：以專利權為例 ·········· 26

2.2.1 第一創業—文科租賃一期資產支持專項計畫 ⋯⋯⋯⋯⋯ 27

2.2.2 興業圓融—廣州開發區專利許可資產支持專項計畫 ⋯⋯⋯ 35

2.2.3 平安證券—高新投知識產權 1 號資產支持專項計畫 ⋯⋯⋯ 42

2.3 中國大陸專利權證券化面臨之挑戰 ⋯⋯⋯⋯⋯⋯⋯⋯⋯⋯⋯ 47

2.3.1 中國大陸資產證券化的普遍性問題 ⋯⋯⋯⋯⋯⋯⋯⋯ 47

2.3.2 專利權證券化的特殊風險及其挑戰 ⋯⋯⋯⋯⋯⋯⋯⋯ 48

第三章　中國大陸專利權證券化之專利權評估策略 ⋯⋯⋯⋯⋯⋯⋯ 51

3.1 中國大陸的傳統專利權評估方法：「資產評估法」 ⋯⋯⋯⋯⋯ 51

3.1.1 專利權之「資產評估」準則及其法律規範 ⋯⋯⋯⋯⋯⋯ 51

3.1.2「資產評估」的基本方法 ⋯⋯⋯⋯⋯⋯⋯⋯⋯⋯⋯⋯⋯ 53

3.1.3 專利權證券化實踐中「資產評估」方法的運用 ⋯⋯⋯⋯ 58

3.2 中國大陸專利權評估策略之發展：「指標評估體系」 ⋯⋯⋯⋯ 59

3.2.1 專利權的「指標評估體系」 ⋯⋯⋯⋯⋯⋯⋯⋯⋯⋯⋯ 59

3.2.2 結合大數據分析的專利權「指標評估體系」 ⋯⋯⋯⋯⋯ 64

3.2.3 專利權證券化實踐中「指標評估體系」的運用 ⋯⋯⋯⋯ 66

3.3 中國大陸專利權證券化中的專利權評估問題 ⋯⋯⋯⋯⋯⋯⋯ 68

3.3.1 中國大陸現行專利權評估方法之比較 ⋯⋯⋯⋯⋯⋯⋯⋯ 68

3.3.2 中國大陸專利權證券化實踐中專利評估策略之分歧 ⋯⋯⋯ 70

第四章　台灣工研院無形資產融資模式：融資模式與評估策略之比較 ⋯ 73

4.1 台灣工研院簡介 ⋯⋯⋯⋯⋯⋯⋯⋯⋯⋯⋯⋯⋯⋯⋯⋯⋯⋯⋯ 73

4.1.1 台灣工研院的歷史沿革 ⋯⋯⋯⋯⋯⋯⋯⋯⋯⋯⋯⋯⋯ 73

4.1.2 台灣工研院的主要專利運營模式 ⋯⋯⋯⋯⋯⋯⋯⋯⋯ 75

4.2 台灣工研院主導的無形資產融資模式 ⋯⋯⋯⋯⋯⋯⋯⋯⋯⋯ 77

4.2.1 法規引導與相關推動性政策 ⋯⋯⋯⋯⋯⋯⋯⋯⋯⋯⋯ 77

4.2.2 無形資產暨專利融資模式解構 ⋯⋯⋯⋯⋯⋯⋯⋯⋯⋯ 78

4.3 無形資產融資的核心步驟：台灣工研院的「二段式」專利評估

體系 ··· 81

　　4.3.1 第一階段：指標評估暨專利篩選 ··············· 81

　　4.3.2 第二階段：專利價值的量化評估 ··············· 82

4.4 當前台灣無形資產融資的成功範例 ···················· 88

　　4.4.1「亞拓醫材」專利權融資案 ······················ 89

　　4.4.2「博信生技」專利權融資案 ······················ 91

　　4.4.3「瓏驊科技」專利權融資案 ······················ 94

4.5「台灣工研院模式」之評價與比較 ···················· 96

　　4.5.1 台灣專利權融資實踐之總結及其局限 ·········· 96

　　4.5.2 兩岸專利權融資實踐之比較 ····················· 99

第五章　融資導向抑或創新導向：中國大陸現行專利權證券化制度之

檢視 ··· 103

5.1 專利權證券化的融資導向：目的抑或手段？ ·········· 103

　　5.1.1 台灣無形資產融資 ······························· 103

　　5.1.2 韓國技術信用保證融資 ·························· 105

　　5.1.3 美國專利權證券化融資 ·························· 107

5.2 專利權證券化的創新導向：從專利法的立法原理出發 ······ 109

　　5.2.1 激勵技術創新 ···································· 109

　　5.2.2 鼓勵技術公開 ···································· 110

　　5.2.3 促進技術商業化 ································· 111

　　5.2.4 引導技術改進 ···································· 112

5.3 中國大陸現行專利權證券化運作機制之檢視 ·········· 113

　　5.3.1 立法層面：融資為手段，創新為目的 ·········· 113

　　5.3.2 執行層面：鼓勵創新與集合資本的衝突 ········ 115

結論：中國大陸專利權證券化改革進路 ……………………………… 119

參考文獻 …………………………………………………………………… 123

附錄一：中國大陸專利權證券化相關法律法規匯總 ………………… 135

附錄二：台灣無形資產融資項目相關法律法規匯總 ………………… 137

表目錄

表 1 美國公司融資結構表 ⋯⋯⋯⋯⋯⋯⋯⋯⋯⋯⋯⋯⋯⋯⋯⋯⋯ 3

表 2 中國大陸推廣知識產權證券化的主要政策性文件（2015 至 2019 年）⋯ 20

表 3 中國大陸的四種資產證券化模式 ⋯⋯⋯⋯⋯⋯⋯⋯⋯⋯⋯ 23

表 4 中國大陸專利權證券化的相關實踐個案（2019 年）⋯⋯⋯ 27

表 5 北京「文科租賃一期」案之主要參與者 ⋯⋯⋯⋯⋯⋯⋯⋯ 28

表 6 北京「文科租賃一期」案之專利權承租人概況 ⋯⋯⋯⋯⋯ 31

表 7 北京「文科租賃一期」案之專利資產概況 ⋯⋯⋯⋯⋯⋯⋯ 32

表 8 廣州「開發區專利許可」案之主要參與者 ⋯⋯⋯⋯⋯⋯⋯ 35

表 9 廣州「開發區專利許可」案之部分專利權人概況 ⋯⋯⋯⋯ 37

表 10 廣州「開發區專利許可」案之部分專利權概況 ⋯⋯⋯⋯⋯ 38

表 11 深圳「高新投 1 號」案之主要參與者 ⋯⋯⋯⋯⋯⋯⋯⋯⋯ 43

表 12 深圳「高新投 1 號」案之基礎資產概況 ⋯⋯⋯⋯⋯⋯⋯⋯ 45

表 13 中國大陸專利權評估準則及其相關政策性文件（2017 至 2019 年）⋯ 52

表 14 中國大陸專利權「指標評估體系」之法律評估指標 ⋯⋯⋯ 62

表 15 中國大陸專利權「指標評估體系」之技術評估指標 ⋯⋯⋯ 63

表 16 中國大陸專利權「指標評估體系」之經濟評估指標 ⋯⋯⋯ 64

表 17 中國大陸主要的專利權評估方法之比較 ⋯⋯⋯⋯⋯⋯⋯⋯ 69

表 18 中國大陸專利權證券化實踐中的專利評估策略分歧 ⋯⋯⋯ 70

表 19 台灣無形資產融資模式的主要參與者 ⋯⋯⋯⋯⋯⋯⋯⋯⋯ 78

表 20 台灣工研院的專利指標評估體系暨專利篩選 ⋯⋯⋯⋯⋯⋯ 82

表 21 台灣無形資產評價管理師初級測試內容（2020 年）⋯⋯⋯ 85

表 22 台灣無形資產評價管理師中級測試內容（2020 年）⋯⋯⋯ 86

解構兩岸知識產權證券化：法律實踐及其潛在挑戰

表 23 台灣「亞拓醫材」專利權融資案之台灣專利資產 ······················· 90

表 24 台灣「亞拓醫材」專利權融資案之美國專利資產 ······················· 90

表 25 台灣「博信生技」專利權融資案之台灣專利資產 ······················· 92

表 26 台灣「博信生技」專利權融資案之美國專利資產 ······················· 93

表 27 台灣「瓏驊科技」專利權融資案之台灣專利資產 ······················· 95

表 28 台灣「瓏驊科技」專利權融資案之美國專利資產 ······················· 95

表 29 台灣無形資產（專利權）評價融資之實踐案例總匯（2019 年）········ 97

表 30 兩岸專利權融資實踐之比較 ··· 99

圖目錄

圖 1　中國大陸企業外源融資結構（2017 年）……………………… 2

圖 2　知識產權證券化的一般交易結構及其主要參與者 ……………… 9

圖 3　北京「文科租賃一期」案之基本交易結構 ……………………… 29

圖 4　北京「文科租賃一期」案之知識產權融資租賃模式 …………… 30

圖 5　廣州「開發區專利許可」案之基本交易結構 …………………… 36

圖 6　廣州「開發區專利許可」案之「專利權二次許可」融資模式 ………… 39

圖 7　深圳「高新投 1 號」案之基本交易結構 ………………………… 44

圖 8　中國大陸國家知識產權局開發之專利權「指標評估體系」………… 61

圖 9　台灣工研院專利權融資貸款模式主要流程 ……………………… 80

圖 10　韓國技術信用保證融資模式 …………………………………… 106

圖 11　韓國技術信用保證融資模式的配套 KTRS 技術評估系統 ………… 106

第一章　緒論

1.1 研究背景

1.1.1 中國大陸的投融資環境及其問題

　　資本市場的本質在於將投資者與融資者相匹配，從而達到資本的有效配置。這一目的的實現，在傳統西方國家主要藉由市場機制加以實現，並通過政府「看得見的手」加以輔助運行。而中國大陸對於投融資的配置卻恰恰處於光譜的另一端，即政府這一「看得見的手（visible hand）」以宏觀調控的形式對市場資源，特別是金融資源起到重要的配置作用，市場機制則為政府宏觀調控之重要補充。而政府配置資源的重要媒介之一，即為在中國大陸體量龐大的國有銀行系統。[1]

　　截止至 2017 年，中國大陸已經初步形成了包含銀行、證券、保險等在內的多元化金融結構體系，但是銀行業一支獨大，國有控股銀行主導金融市場仍是中國大陸金融業的主要特徵。[2]金融產業結構的佔比與中國大陸企業的融資結構

---

[1]　中國銀行業的版圖幾乎由國有資本獨佔，以總資產為計算依據，「2017 年，國家開發銀行和政策性銀行佔銀行業總資產比例 10.1%，五家國有大型商業銀行（中國工商銀行、中國農業銀行、中國銀行、中國建設銀行以及交通銀行）佔比 36.7%，其他股份制商業銀行佔比 17.7%（股權結構中，國有資本佔比 57%），城市商業銀行佔比 12.5%（股權結構中國有資本佔比 45%）。」以上參見中國金融年鑑編委會（編）（2019），《中國金融年鑑 2018》，頁 7，北京：中國金融年鑑雜誌社有限公司；另參見中國銀行業監督管理委員會宣傳工作部（編）（2018），《中國銀行業監督管理委員會 2017 年報》，頁 172，北京：中國金融出版社。

[2]　「2017 年，銀行業資產數額為 252.4 萬億元人民幣，佔金融業總資產的 90.1%；保險業為 16.9 萬億元人民幣，佔比 6.1%；證券業資產為 6.1 萬億元人民幣，佔比 2.2%。」以上參見中國金融年鑑編委會，同前註，頁 4-13；另參見王國剛（2019），〈中國金融 70 年：簡要歷程、輝煌成就和歷史經驗〉，

解構兩岸知識產權證券化：法律實踐及其潛在挑戰

具有連貫性，除卻企業「內源融資」以外，中國大陸企業「外源融資」方式主要包含「銀行貸款」、「非標融資」、[3]「債券融資」以及「股權融資」四大類，具體如圖 1 所示。

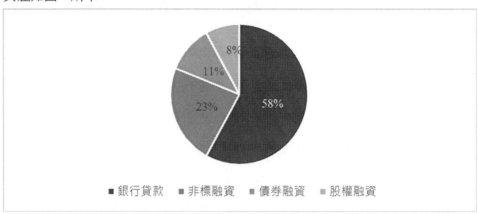

圖 1　中國大陸企業外源融資結構（2017 年）[4]

從具體融資模式看，2017 年中國大陸企業最主要的融資方式為銀行貸款，佔比約 58%；第二大融資來源為非標融資，佔比 23%；再者為債券融資和股權融資，分別佔比 11% 和 8%。因此中國大陸的融資結構整體以「間接融資」中的「債務融資（銀行貸款、債券、非標融資）」為主。

從國際融資結構的比較視角加以觀察，以美國為例，其融資結構基本保持了股權融資、債券融資與銀行貸款融資的均衡比例（如表 1），且特別以債券市場為主要融資倚仗。

《經濟理論與經濟管理》，7 期，頁 19；中國大陸政府對於國有銀行的控制主要通過有「金融國資委」之稱的「中央匯金投資有限責任公司（簡稱中央匯金）」加以實現。參見中央匯金網站，〈公司簡介〉，http://www.huijin-inv.cn/huijin-inv/About_Us/index.shtml（最後瀏覽日：02/16/2020）。

3　「非標準化債權資產」是指未在證券交易市場以及銀行間市場交易之債權性資產，例如信貸資產、信託貸款等。與標準化債務資產相比，非標準化債權資產一般不公開發行，且該債權投資風險較高，流動性較低，但收益率較高。參見陶長高（2014），〈利率市場化與中國銀行業非標業務的發展〉，《國際融資》，10 期，頁 24。

4　數據來源：Wind 經濟數據庫，https://www.wind.com.cn/NewSite/edb.html。

表 1　美國公司融資結構表[5]

類別	2008-2018 累積淨增加值（億美元）	佔比（%）
股票	15,022	21.33
債券	28,830	40.94
貸款	26,568	37.73

　　反觀中國大陸，銀行貸款則處於企業融資的絕對主導地位。而即便在佔比較小的股權與債券融資方面，滬深兩市核準制的證券發行制度，又導致中小企業股權融資與債券融資的門檻過高，從而使得銀行貸款成為其融資的主要通路。[6]然而，基於國有企業與國有銀行的特殊政治聯繫以及國家財政對於其借貸信用的背書，其往往比私人企業（多為中小企業）更容易獲得銀行貸款。[7]是故，隨著國有企業進一步競爭中小企業的銀行貸款空間，中小企業融資難成為中國大陸企業融資領域最為突出的問題。[8]

1.1.2 知識產權證券化的意義與潛在需求

　　有鑒於上文所述之中小企業融資難現狀，知識產權證券化這種新型融資模式的運用，不僅可以在一定程度上擴大中小企業的融資渠道，還可以將資本集

---

[5]　參見王嵐（2019），〈從中美企業融資結構對比思考國內企業融資方式和債券融資環境〉，《科技視界》，11 期，頁 3。

[6]　根據「金融時報」的一項調查，「在 254 家小微企業中，有 80%的小微企業將銀行貸款作為融資的第一選擇。」參見中國金融新聞網（3/25/2019），〈解決小微企業融資難的建議〉，http://www.financialnews.com.cn/ll/xs/201903/t20190325_156960.html（最後瀏覽日：02/14/2020）。

[7]　參見新華社（08/30/2018），〈化解中小企業融資難 老問題有何新方法？——來自國務院督查組督查一線的見聞〉，http://www.gov.cn/xinwen/2018-08/30/content_5317739.htm（最後瀏覽日：02/14/2020）。

[8]　根據西南證券公司一項研究報告，「2016 年中國大陸國有企業的貸款總額為 40.3 萬億元人民幣，佔貸款總額比例62.2%，然該年度民營企業的貸款總額僅為24.5 萬億元人民幣，佔貸款總額比例37.8%。」參見楊業偉（2018），〈如何有效增加對述你用企業貸款〉，《西南證券研究報告》，頁 2，http://pdf.dfcfw.com/pdf/H3_AP201811091241764174_1.pdf（最後瀏覽日：02/14/2020）。

中於創新技術領域，在較好的促進科技發展的同時亦兼顧中小科創企業之融資需求。

知識產權證券化是資產證券化的方式之一，後者作為企業融資的一種特殊形式，是以特定資產為擔保發行證券的一種融資方式。資產證券化於具體操作上則是將企業所具有的某種同質性資產組成的資產池及其衍生性債權所生之未來現金流進行隔離處理與分解整合，從而創造出不同於企業整體以及單個資產信用特徵的新證券。[9]是故，資產證券化能夠豐富投融資雙方的選擇，從而成為替代信用貸款的潛在融資方式，對企業具有較大的吸引力。[10]

就資產證券化本身而言，其不僅是銀行貸款融資的替代──為企業拓寬了融資渠道，還在某種程度上大幅降低了企業包括增加信用擔保、抑制破產風險等在內的融資成本。[11]因為資產證券化的核心是將某種基礎資產及其相關權利與企業的其餘有價資產進行破產隔離，從而使融資風險僅受到證券化之基礎資產的影響，而與企業本身的破產風險無關。是故在理論上，投資者對於「資產支持證券（Asset-based Securities，簡稱 ABS）」的投資與否，應當僅取決於該基礎資產的特徵與質量，而與企業整體的債權債務水平無關，從而使該企業在融資時可以大幅地減少成本。[12]另一方面，在企業信用的處理方面，資產證券化

---

[9]　參見董濤（2009），《知識產權證券化制度研究》，頁 11，北京：清華大學出版社。

[10]　*See* Edward M. Iacobucci & Ralph A. Winter, *Asset Securitization and Asymmetric Information*. 34 THE JOURNAL OF LEGAL STUDIES, 161, 162-65 (2005).

[11]　*See* David J. Kaufmann et al., *Franchise Securitization Financings*, 27 FRANCHISE L.J. 241, 242 (2008).

[12]　資本市場的投資者常受困於「檸檬難題」，原因在於企業往往會提供虛假信息以誇大公司經營情況，因此投資者通常會根據他們自己對「檸檬」市場上質量最低的商品之價值判斷來確定其他證券的合理價格。企業只有讓投資者們相信他們不是最差的「檸檬」，才有可能在資本市場上獲得投資。然由於資產支持證券的發行價格僅依賴於其基礎資產的獨立價而非企業的整體信用水平，是故企業可以用更低的成本來說服投資者。參見 Claire A. Hill, *Securitization: A Low-Cost Sweetener for Lemons*, 74 WASH. U. L. Q. 1061, 1084-90 (1996). 另外，風險投資基金在投資初創的高新技術企業時通常會以複雜的盡職調查為一般常規前置操作，這些成本和風險都會成為資本進入知識產權投資領域時的障礙，而知識產權的證券化則將企業中的知識產權與企業其他資產分割後轉變為「資產支持證券」，從而使得該證券的風險與企業整體風險隔離，這本身就降低了知識產權融資的前期調查成本以及投資門檻。參見 Jose-Maria Fernandez, Roger M. Stein & Andrew W. Lo, *Commercializing Biomedical Research Through Securitization Techniques*, 30 NATURE BIOTECH.964, (2012).

的融資結構中存在具有「守門人（gatekeeper）」作用的信用評級機構代替投資者對該資產進行評估，這也能起到降低信用成本的作用（當然與此同時也加大了中介機構的費用成本）。[13]相對於銀行抵押貸款等傳統融資方式，資產證券化「破產隔離（Bankruptcy Remote）」的交易結構設計，實則通過隔離投資者與企業破產之間的風險，進而降低了企業破產風險對於其所發行之資產支持證券定價的影響。[14]此外，企業以資產證券化途徑獲得的融資可被視為資產負債表之外的資金來源，從而減少了企業的資產負債率，有利於企業更為靈活的對其現金流進行操作與管理。[15]

聚焦在知識產權的證券化而論，知識產權證券化是指企業以其知識產權（Intellectual Property，簡稱 IP）[16]相關之債權所生之未來現金流（例如可預期的知識產權許可使用費等）為基礎資產進行證券化融資的一種融資途徑。而其證券化之主要方式，則是將該基礎資產轉移給專項設立之「特殊目的載體（Special Purpose Vehicle，簡稱 SPV）[17]」，並由該特殊目的載體來發行以基礎資產之未來現金流為擔保之證券。[18]雖然知識產權是一種無形財產，其價值評估

---

[13] *See* Steven L. Schwarcz, *The Alchemy of Asset Securitization*, 1 STAN. J.L. BUS. & FIN. 133, 134 (1994).

[14] *See* Dov Solomon & Miriam Bitton, *Intellectual Property Securitization*, 33 CARDOZO ARTS & ENT. L.J. 125, 161 (2015).

[15] 根據會計學原理，企業的抵押貸款融資應作為企業資產負債表中的負債。與此不同的是，資產證券化從會計原則上來說則是用流動資金（liquid money）代替了未來現金流，從而轉移並減少了資產負債表中的負債，因此降低了企業資產負債表中的表內負債率，並同時增加了企業的表外融資，有助於改善企業的資產負債率及其他重要財務指標。參見 Ariel Glasner, *Making Something Out of "Nothing": The Trend Towards Securitizing Intellectual Property and the Legal Obstacles That Remain*, 3 J. LEGAL TECH. RISK MGMT. 27, 37, 39 (2008).

[16] 「Intellectual property（IP）」，中國大陸翻譯為「知識產權」，台灣翻譯為「智慧財產」，因本文討論中國大陸語境下的資產證券化制度，故採用「知識產權」一譯。

[17] 「Special Purpose Vehicle（SPV）」，中國大陸翻譯為「特殊目的載體」，參見中國證券監督管理委員會公告〔2014〕第 49 號（11/19/2014），「證券公司及基金管理公司子公司資產證券化業務管理規定」，第 4 條，http://www.csrc.gov.cn/pub/newsite/flb/flfg/bmgf/jj/gszl/201510/t20151012_284996.html（最後瀏覽日：04/19/2020）；台灣有學者翻譯為「特殊目的機構」。參見王文宇（2002），〈資產證券化法制之基本問題研析〉，《月旦法學》，88 期，頁 112。

[18] *See* Edward M. Iacobucci & Ralph A. Winter, *supra* note 10, at 164.

較一般有形財產而言更為複雜，但知識產權證券化和一般的資產證券化都是以未來可預期之現金流為擔保來發行證券，兩者的融資原理是相通的。[19]是故，知識產權證券化不僅擁有一般資產證券化的優點，還可以使知識產權所有者在保留證券化資產（知識產權）所有權或使用權的同時，只將相關衍生債權（例如知識產權許可使用費）的未來收益作為擔保進行證券化融資。[20]事實上，保留知識產權的所有權或使用權對企業來說尤為重要。這使得企業可以在繼續開發這些知識產權同時，亦將部分權利授權給他人，以此獲得更多未來現金流的彈性。對於那些擁有大量知識產權又急需資金的高新技術企業來說，知識產權證券化是極具吸引力的一種融資形式。[21]

綜上所述，就制度設計層面而論，知識產權證券化不僅能均衡中國大陸銀行貸款獨大的融資結構，為高新技術產業拓寬融資渠道，還能打破知識產權領域的投資壁壘，降低知識產權等專業領域的投資門檻。從投資者的角度視之，對於以知識產權權益為擔保之證券，普通的公眾投資者即便受限於自身的專業水平，也能藉助資產證券化的制度工具，進入到專業度較高的知識產權領域投資。[22]最終使得市場資本能夠符合立法者的期待，均衡、有序的進入到科學研究、技術開發以及藝術創造等高新技術產業領域。[23]

---

[19] 「知識產權證券化與其他典型的資產證券化形式，例如信用卡應收帳款、汽車貸款等證券化形式而言沒有本質區別，兩者實質上都具備相同的資產證券化基本要素——可預期的未來現金流。」參見董濤，同前揭註9，頁29-30。

[20] *See* Jennifer Burke Sylva, *Bowie Bonds Sold for Far More than a Song: The Securitization of Intellectual Property as a Super Charged Vehicle for High Technology Financing*, 15 SANTA CLARA COMPUTER & HIGH TECH. L.J. 195, 204 (1999).

[21] *See* Aleksandar Nikolic, *Securitization of Patents and Its Continued Viability in Light of the Current Economic Conditions,* 19 ALB. L.J. SCI. & TECH. 393, 408-11 (2009).

[22] *See* Edward J. Janger, *The Death of Secured Lending*, 25 CARDOZO L. REV. 1759, 1769-70 (2004).

[23] *See* Aleksandar Nikolic, *supra* note 21, at 408-11.

1.2 理論基礎

1.2.1 知識產權證券化原理

　　知識產權證券化是基於資產證券化（Securitization）的一般原理發展而來的，其本質都是基於債權的交換價值而生之債券融資。

　　目前，基於契約關係而生之債權已成為一種普遍的資產類型，與傳統的不動產類似，債權也具有可交易性。[24]以最典型的住房抵押貸款證券化（Mortgage-Backed Securitization，簡稱 MBS）為例，房屋抵押貸款的收款期一般長至幾十年，為了解決資金流轉問題，銀行以貸款（債權）所產生的未來現金流為基礎發行證券，用以回收資金。這種使缺乏流通性的（因為多年內不能收回）的債權快速變現融資方法，就是資產證券化。[25]實踐中用來證券化的資產（債權），除了房屋抵押貸款之外，還有信用卡、知識產權授權許可等應收帳款債權。只要能產生穩定現金流的債權，都可以用來支持證券的發行。[26]

1.2.2 知識產權證券化一般性交易架構

　　知識產權證券化的交易流程一般被歸納為「資產重組」、「破產隔離」以及「信用增級」三個步驟。

　　「資產重組」是證券化的起點。構造一個能夠穩定產生現金流的知識產權權益池是發行該證券的信用基礎。然而，由於每筆資產的風險收益情況各不相

---

[24] 「債務人原則上應以其全部財產擔保應履行之債務，為維持此項責任財產，民法賦予債權人以代位權及撤銷權，以保全債權的清償。為使債權之實現更臻鞏固，法律復設人保及物保兩種制度，這使債權的變現性大為提高，使債權成為交易的客體。」參見王澤鑑（2013），《債法原理》，第 2 版，頁 78，北京：北京大學出版社。

[25] 參見朱錦清（2019），《證券法學》，第 4 版，頁 32-35，北京：北京大學出版社。

[26] 參見中央國債登記結算有限公司（2020），〈2019 年資產證券化發展報告〉，頁 4-8，https://www.chinabond.com.cn/cb/cn/yjfx/zzfx/nb/20200117/153611421.shtml（最後瀏覽日：04/01/2020）。

同，因此需要對基礎資產進行重組，以形成較為穩定的未來現金流。[27]

「破產隔離」是證券化的核心步驟，即通過創設一個在法律上具有獨立地位的特殊目的載體（SPV），並將基礎資產（債權）轉移給 SPV，以實現資產償付能力與其原始權益人之間的破產隔離。[28]

「信用增級」則是為了實現較好的風險防範，其實現途徑通常是運用各種金融工具以確保債務人按時支付本息。通常而言，信用增級操作會增加資產池的市場價值，使得資產支持證券在信用保證、未來現金流確定性及其償付確定性等方面更好的滿足投資者需求。[29]

知識產權證券化的一般交易結構如圖 2 所示，其主要參與者為：原始權益人（Originator）、特殊目的載體（Special Purpose Vehicle，簡稱 SPV）、服務商（Servicer）、投資者（Investor）、受託人（Trustee）、信用評級機構（Credit Rating Agency）、信用增級機構（Credit Enhancements）、承銷機構（Underwriter）等各方主體。

（1）原始權益人（Originator）。原始權益人是指向特殊目的載體（SPV）出售資產用於證券化交易的機構。在證券化的過程中，原始權益人將能產生未來現金流的債權與其自身的其餘資產分割，並將該債權讓於 SPV，以此換取即時的融資。[30]得益於此，資產證券化的融資成本及其投資風險均僅取決於該「隔離」後的基礎資產，而與原始權益人的整體經營活動所帶來的風險無關，這將

---

[27] 參見 Frank J. Fabozzi、Viond Kothari（著），宋光輝等（譯）（2014），《資產證券化導論》，頁 56-57，北京：機械工業出版社。

[28] 參見于鳳坤（2002），《資產證券化：理論與實務》，頁 44-47，北京：北京大學出版社。

[29] 信用評級公司能否獨立、客觀的履行其「守門人」職能，是資產證券化成功的關鍵因素之一。參見邱天一（2011），〈信用評等機構於證券化之角色與責任——次貸危機後之觀察〉，《政大法學評論》，121 期，頁 313。

[30] 「在資產證券化的實踐中，並非所有的資產都適合證券化。通常發起人只將那些具有同質性，收益較為穩定且容易獲得相關數據、收益定價模型的資產進行證券化。發起人既可以自己發起證券化交易，也可以將資產出售給專門從事資產證券化交易的載體（SPV），由 SPV 發行證券進行融資，然後再將融資所得作為資產出售時的對價支付給發起人，但實踐中，為了實現增信目的，通常採用後一種方式實現證券化。」同前註，頁 51。

有效提高原始權益人獲得融資的機會。

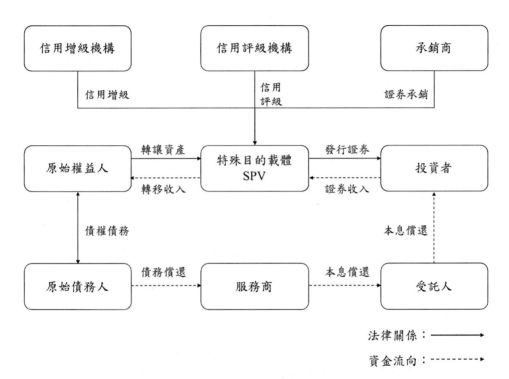

圖 2　知識產權證券化的一般交易結構及其主要參與者[31]

（2）特殊目的載體（Special Purpose Vehicle，簡稱 SPV）。SPV 的基本職能是受讓轉移自原始權益人的基礎資產，並在此基礎資產為擔保發行資產支持證券。換言之，SPV 既是資產的受讓人，又是證券的發行人。SPV 可以是原始權益人為了發行資產支持證券而組建的子公司，也可以由專門從事資產證券化業務的金融機構擔任。在世界範圍內，SPV 多以信託、公司或 合夥的形式運營。[32]為了更好的實現「破產隔離」，原始權益人與 SPV 之間除了須為非「同

---

[31] 修改自韓良（編）（2015），《資產證券化法法理與案例精析》，頁 24-27，北京：中國法制出版社。

[32] *See* Robert Dean Ellis, *Securitization Vehicles, Fiduciary Duties, and Bondholders' Rights*, 24 J. CORP. L. 295, 299 (1999).

一實體」[33]外，二者之間轉移資產的法律行為亦須符合「真實銷售」[34]原則。實踐中，幾乎每項資產支持證券的發行均由其專屬的 SPV 來營運，這樣操作的好處在於能最大程度的抑制發行行為本身對於投資風險的影響。[35]

（3）服務商（Servicer）。服務商（通常由原始權益人擔任）是資產池的管理者，其主要職責為負責收取基礎資產或應收帳款債權的本金及其利息。服務商在監管現金流的同時，亦向受託人及投資者提供基礎資產的相關必要信息，例如財務報告等。[36]SPV 與服務商之間一般為契約關係。由於 SPV 本身並不具備運營基礎資產的能力，因此於證券化的交易過程中，由服務商將源自於基礎資產的現金流轉移給 SPV，再由 SPV（通過受託人）扣除評級、承銷以及資金託管等必要的交易費用後，再將剩餘現金流（證券的本息）轉移給投資者。[37]

（4）投資者（Investor）。在資產證券化過程中，投資者是指從發行人（SPV）或者發行人的銷售代理人處購買資產支持證券的人，通常為機構投資者（如銀行、基金公司、保險公司等）。目前，中國大陸的資產證券化交易僅限於「合格投資者」之間，並未向一般的公眾投資者開放。[38]

---

[33] 美國法運用「同一實體（substantive consolidation）」原則來判斷 SPV 的獨立性。關於該原則的判斷標準，參見王偉霖（2013），〈論智慧財產證券化的法律問題——以證券化法、擔保設定及破產問題為核心〉，《科技法學評論》，10 卷 1 期，頁 13-14。

[34] 「真實銷售（true sale）」是指交易雙方於交易契約中明確表示該交易的性質為債權性資產之銷售，且該筆債權的所有權以及其相關的收益權均按照公平的市場價格轉讓給買房。參見 Peter V. Pantaleo et al., *Rethinking the Role of Recourse in the Sale of Financial Assets*, 52 BUS. LAW 159, 159 (1996).

[35] *See* Thomas J. Gordon, *Securitization of Executory Future Flows as Bankruptcy-Remote True Sales*, 67 U. CHI. L. REV. 1317, 1324 (2000).

[36] 發起人擁有現成的客戶關係及其相應的資產信息，因此當發起人將基礎資產之衍生債權出售於 SPV 後，通常仍由發起人（或其子公司）繼續擔任這些基礎資產的服務商。參見 Robert Stark, *Viewing the LTV Steel ABS Opinion in Its Proper Context*, 27 J. CORP. L. 211, 214 (2002).

[37] *See* Steven L. Schwarcz, *The Parts Are Greater than the Whole: How Securitization of Divisible Interests Can Revolutionize Structured Finance and Open the Capital Markets to Middle-market Companies*, 1993 COLUM. BUS. L. REV. 139, 148 (1993).

[38] 「合格投資者為：（一）具有 2 年以上投資經歷，且滿足以下條件之一：家庭金融淨資產不低於 300 萬元（人民幣），家庭金融資產不低於 500 萬元（人民幣），或者近 3 年本人年均收入不低於 40 萬元（人民幣）。（二）最近 1 年末淨資產不低於 1000 萬元（人民幣）的法人單位。（三）金融管理

（5）受託人（Trustee）。受託人代表著投資者的利益，其主要職責為監督
證券本息的及時支付，以保障投資者的利益。在資產證券化的過程中，受託人
一般由原始權益人以外的商業銀行擔任，服務商（原始權益人）運營基礎資產
的全部收入都將存入 SPV 於受託銀行（信託部）所設的指定帳戶上，在支付一
些必要的交易費用後，再由受託人將資金分撥給投資者。[39]

（6）信用評級機構（Credit Rating Agency）。由於投資者們一般不具有專
業的風險評估能力，因此需要一個可靠的信用評級機構來擔任「守門人」的角
色，為投資者們把關資產支持證券的特殊風險。[40]由該信用評級機構所出具的評
級報告，其主要內容為評估基礎資產所生之未來現金流的償付能力。在證券的
存續期間，信用評級機構亦須持續跟蹤基礎資產未來現金流的穩定性，以便及
時調整證券的信用等級與利率。[41]

（7）信用增級措施（Credit Enhancements）。為了增加資產支持證券的信
用價值並減少其償債風險，原始權益人需要採取例如擔保、設立差額帳戶[42]以及
請交易外第三人提供擔保等信用增級措施。依據風險的承擔主體不同，可將這
些措施分類為外部和內部信用增級兩大類。[43]「外部信用增級措施」，是指由證
券化交易結構之外的銀行或者保險公司來擔保證券的發行。為了證券獲得投資
級別的信用等級，一般由信用評級機構來確定這些機構的必要擔保額。[44]

部門視為合格投資者的其他情形。合格投資者投資於單只固定收益類產品的金額不低於 30 萬元（人
民幣），投資於單只混合類產品的金額不低於 40 萬元（人民幣），投資於單只權益類產品、單只商
品及金融衍生品類產品的金額不低於 100 萬元（人民幣）。」參見中國人民銀行等部委聯合發布
（04/27/2018），「關於規範金融機構資產管理業務的指導意見（銀發〔2018〕106 號）」，
http://m.safe.gov.cn/safe/2018/0427/8876.html（最後瀏覽日：04/10/2020）。

[39] 參見洪艷蓉（2004），《資產證券化法律問題研究》，頁 16-19，北京：北京大學出版社。

[40] 國際上最具影響力的信用評級機構為：標準普爾（Standard and Poor's，簡稱 S&P）、穆迪公司（Moody's
Investors Service）、惠譽公司（Fitch Ratings）。

[41] 「實踐中的資產支持證券利率於存續期間內，調低多於調高。」參見朱錦清，同前揭註 25，頁 37。

[42] 「差額帳戶指當擔保物產生的現金流不足以支付債券本息時，可以從中提取缺額的帳戶。」同前註。

[43] 參見 Steven L. Schwarcz（著），倪受彬、李曉珊（譯）（2018），《結構金融：資產證券化基本原
則》，頁 27，北京：中國法制出版社。

[44] 同前註，頁 28。

　　在另一方面，「內部信用增級措施」則是指由交易結構內部的原始權益人承擔證券風險的一些信用增級措施。最常見的為「超額抵押（over-collateralization）」，即通過擴充資產池，使 SPV 擁有的資產價值超過已發行的證券價值，這部分差額即可作為證券還本付息的保證。[45]然僅通過「超額抵押」的操作還不足以使證券獲得較高的信用評級。一般情況下，評級機構還會設置證券的「優先/次級支付結構（senior/subordinate structure）」來降低投資風險。[46]所謂的「優先/次級支付結構」，是指將證券按照償付順序的優先次序進行分級，優先級證券的持有者擁有第一順位的償付優先權。[47]換言之，在「優先/次級支付結構」下，次級證券的本息即為信用增級工具本身，用以保障優先級證券的還本付息。在實踐操作中，原始權益人往往是次級證券的購買者，這樣既可以避免其道德風險，又可以提高資產支持證券的經濟價值。[48]

　　（8）承銷機構（Underwriter）。承銷機構（一般為投資銀行）的主要職責為承諾購買以及銷售證券，其優勢在於可利用自身已有的廣泛客戶群體以及銷售渠道來擴展證券的發行渠道，並協助特殊目的載體（即證券發行人）擬定證券的合理發行價格。[49]

---

[45] *See* Steven L. Schwarcz, *supra* note 13, at 140-41.

[46] *See* Ronald S. Borod, *Origin and Evolution of Securitized Structures*, *in* SECURITIZATION: ASSET-BACKED AND MORTGAGE-BACKED SECURITIES 1-2 (Ronald S. Borod ed., 2004).

[47] *See* Thomas E. Plank, *The True Sale of Loans and the Role of Recourse*, 14 GEO. MASON U. L. REV. 287, 305 (1991).

[48] 由發起人購買次級證券可以降低其道德風險，並於證券化階段和收款階段（作為服務商時）對其行為產生積極的影響。在證券化階段，證券化高質量資產符合發行人的最大利益；在收款階段，將次級證券交由發起人管理，會促使發起人積極監管不良債務，以使次級證券的收益最大化。從經濟效率的角度來看，發起人最瞭解證券的基礎資產價值，也最適合估算次級證券的價值及風險，此外，由於發起人和次級證券的潛在購買者之間存在的巨大信息鴻溝會導致潛在購買者對於次級證券的報價大打折扣，因此由發起人購買次級證券是合理的。參見 Dov Solomon & Miriam Bitton, *supra* note 14 , at 142.

[49] 參見彭冰（2007），《中國證券法學》，第 2 版，頁 46，北京：高等教育出版社。

1.3 問題意識

1.3.1 資產證券化：債務紓困亦或融資多元化

　　一般而言，中國大陸資本市場的發展是高度濃縮的，其在短短 40 年間幾乎復刻了西方資本市場幾百年的演進過程。這一高速發展的背後背負了太多來不及思考的制度難題與法律爭議。北京大學的林毅夫教授指出，中國大陸國有企業存在太多「政策性負擔」。他將「政策性負擔」具體劃分為「戰略性負擔」和「社會性負擔」兩方面，並指出二者實際導致了國有企業的虧損，而國家對於企業的政策性保護和補貼是對政策性負擔所導致的虧損負責。但由於國家並不直接參與經營，因此國家與國有企業的實際經營管理人之間有著激勵機制不相容以及信息不對稱問題。在這種情況下，這些國有企業的經理人通常會將自身的經營性虧損全然歸咎於「政策性負擔」。加之企業與政府之間的信息不對稱，政府無法有效的區別政策性虧損以及經營性虧損，因而只能最終承擔所有的企業虧損責任，於是出現了中國大陸因「軟預算約束（soft budget constraints）」而導致的國企債務危機。[50]

　　「軟預算約束」的形成至少需要有兩個主體：「預算約束體」和「支持體」。[51]在中國大陸的語境下，國有企業的外部「支持體」通常為國家財政和國有（商業）銀行，而國有（商業）銀行的「支持體」通常為國家財政和大陸中

---

[50] 「軟預算約束」是指企業等經濟組織遇到財務困境時，藉助於外部組織得以維持生存的一種經濟現象，與軟預算約束相對的經濟學概念為「硬預算約束」，其是指資本市場的優勝劣汰市場機制，亦即企業等經濟組織的一切經營活動都以自身所擁有的資源約束為限。參見林毅夫、李志贇（2004），〈政策性負擔，道德風險與預算軟約束〉，《經濟研究》，2 期，頁 17。另參見搜狐財經（01/25/2005），〈林毅夫：國企政策負擔太重 私有化不是改革方向〉，https://business.sohu.com/20050112/n223903598.shtml（最後瀏覽日：03/15/2020）。

[51] 「預算約束體」是指出現收不抵支的財政赤字的情況下，若是沒有外部資助即無法以自有資源為生存支持的經濟組織（企業等）。「支持體」一般為政府所控制的機構或組織，該組織可以直接轉移資源來救助陷入經營困境的預算約束體。參見施華強（2004），〈中國國有商業銀行不良貸款內生性：一個基于雙重軟預算約束的分析框架〉，《金融研究》，6 期，頁 1-2。

央銀行，因此，國有企業龐大的債務風險最終將會傳導至政府本身。「軟預算約束」問題的存在，使得中國政府以及其控制的國有銀行承擔了國有企業大多數的債務風險，而且國有企業的負債率仍在不斷攀升，而且越是位於資本密集型領域的國企，其負債問題就越嚴重。[52]根據中國大陸財政部於 2017 年 7 月 25日公布的數字，國有企業的總體負債率高達 65.6%。[53]

中國大陸國有企業的高負債率問題已經趨近危險邊緣，這應該是政府同外國媒體共同的認知，降低國有企業的負債比率亦成為國有企業改革的成效證明。[54]是故，在上述國企債務壓力持續擴大的背景下，混合所有制改革、PPP 模式（Public-Private Partnership）、以及本文將要研究的資產證券化，開始在中國政府的主導下快速推行開來。而無論是債權性融資（證券化）還是股權性融資（民營化），上述措施的共同目的都聚焦在了國有企業的債務紓困。儘管在動機上有所牽強，制度推行上過於倉促，中國政府對於上述政策的推廣卻在客觀上加速了中國資本市場融資的多元化。但毫無疑問的是，以國有企業作為證券化制度設計主要考量對象的做法，使得中國的資產證券化出現了政府主導的特徵，也使得資產證券化主要服務於大企業，而忽視了對於資本需求最為迫切的成長型企業。這種制度設計上的偏頗考量，充斥在中國大陸資產證券化的全部面向，包括但不限於：金融架構的設計（SPV）不嚴謹[55]，項目證券的法律性質模糊，以及配套監管法規不成體系化。[56]

---

[52] 參見林毅夫、李志贇（2004），同前揭註 50，頁 17。另參見搜狐財經，同前揭註 50。

[53] 「2017 年 6 月末，國有企業資產總額 1434774.3 億元，同比增長 11.5%；負債總額 941293.4 億元，同比增長 11.4%；所有者權益合計 493480.9 億元，同比增長 11.7%，國有企業負債率為 65.6%（資產負債率＝負債總額/資產總額）。」參見中國經濟周刊（07/25/2017），〈國企負債總額 94 萬億元負債率達 65.6% 如何去槓桿？〉，http://www.cb.com.cn/finance/2017_0808/1193635.html（最後瀏覽日：03/15/2020）。

[54] 例如中國大陸 2013 年開始啟動的混合所有制改革，就將國有企業負債率的降低作為改革成效的評判標準。參見大紀元（09/25/2018），〈何清漣：債務拆彈——國企混改的驅動力〉，https://www.epochtimes.com/b5/18/9/24/n10737763.htm（最後瀏覽日：03/15/2020）。

[55] 參見賀琪（2019），〈我國資產證券化 SPV 實體缺位與風險防控路徑〉，《社會科學動態》，8 期，頁 82。

[56] 參見陳沖（2010），〈知識產權證券化的法律路徑探析〉，《證券法苑》，3 卷，頁 205-207。

　　基於上述問題，對於資產證券化的制度建構目的，究竟為現實層面的國有企業債務紓困，亦或是更為宏觀的融資市場之均衡化建設，本文將著重予以澄清與闡釋。就資產證券化的整個領域而言，中國大陸的相關立法傾向似有動搖或模糊之處。但在更為具體的專利權證券化環節，證券化之目的則毫無疑問的落在了專利價值挖掘與保護，而非短期的國企債務問題之應對。

1.3.2 專利權證券化的特殊問題及其挑戰

　　在資產證券化之中，專利權的證券化最為特殊，作為知識產權運營「皇冠上的明珠」，專利權的證券化能夠活化高成長型企業的無形資產，滿足小微、科創企業的迫切融資需求。[57]故此本文選擇以專利權證券化為突破口，以促進中小型初創企業的融資為出發點，進行資產證券化制度的法律研究。

　　就現實層面的專利權證券化制度而言，中國大陸在 2006 年，就開始了以知識產權為客體的融資改革（質押融資模式）。然迄今為止，以專利權為基礎資產的各種融資渠道卻沒能為企業（特別是中小規模科技產業）提供理想的融資規模。究其原因，主要為專利權本身的資產特點不利於資產證券化操作。

　　一方面，專利權作為一種特殊的無形財產權，具有權利確認方式模糊、價值評估困難、存在技術替代可能性等特點。是故，當專利權自身的特性與證券化的發行流程相結合後，經濟價值不穩定、未來現金流不確定等金融風險也將如期而至。為了使專利權證券化的風險控制達到投資者的預期，發起人勢必會採取一些信用增級措施來穩定投資者信心，即在交易結構中引入專業的第三方機構作為該證券項目的信用保證。然現實情況是信譽良好且資金充足的擔保機構一般較少涉及專利權的證券化業務，且縱使有一個強有力的保障措施來維持證券的發行，若是不從資產的源頭——「專利權評估」這一環節即做到盡可能的風險屏蔽，則這些由專利權特性所導致的風險仍會隨著交易結構被傳遞到信用保證機構本身，並最終對專利權的證券化產生負面效應。該負面效應亦會影響國家想要藉助市場資本培育創新技術產業之目的實現。是故，想要突破專利

---

[57] 參見中央國債登記結算有限公司，同前揭註 26，頁 26。

權證券化的瓶頸，則必須於證券化項目啟動之初即審慎評判專利權的價值，以加強資產池源頭的風險把控。

另一方面，專利權的證券化制度實際上是兩種價值取向的拉扯進而融合，這種融合是綜合衡量挖掘專利權價值與證券化融資需求的結果性表現。在中國大陸現行的證券化實踐中，由於專利權評鑑機制的不足，使專利權證券化制度在執行層面出現「鼓勵創新」與「集合資本」之價值取向之爭，而打破這種衝突的關鍵在於──如何在最小化風險的基礎上，挖掘專利權之未來價值。

基於上述問題意識，本文將從專利權證券化的源頭──專利權的價值評估問題入手，比較研究台灣的無形資產融資模式及其實踐，以此來探討中國大陸專利權證券化於實踐上的優化策略。亦即，「融資導向」的證券化制度該如何配合「創新導向」的專利權制度，才能實現以「資本」促「創新」之目的。

1.4 研究範圍與方法

作為資產證券化的特殊形式，專利權證券化的研究涉及法律、金融、財稅等多個學科領域，其中僅就法學領域的研究就涉及證券法、專利法、稅法等多個範疇，因此該制度本身應當由多領域學科的研究團隊為之。然基於研究領域之限制，本文擬將對於專利權證券化的研究中心放在由專利權的性質所引發之特殊問題上，原因在於專利權的無形資產特性會對證券化項目產生不同於一般資產證券化的風險。是故，如何從證券化的源頭──專利權池的建構之初即把控風險，則是本文所要研究的主要議題。

在研究方法方面，本文主要運用案例研究法、法經濟學分析作為現象觀察與理論辨析的主要方法。綜觀文獻回顧之結果，先前僅有針對中國大陸的某一知識產權證券化個案進行案例分析之研究，而無綜合當前所有專利權證券化案例之實證分析。[58]是故，本文窮盡一切可用之公開資料蒐集 2020 年之前的中國

---

[58] 參見馬忠法、謝迪揚（2020），〈專利融資租賃證券化的法律風險控制〉，《中南大學學報（社會科

大陸專利權證券化實踐案例，並加以分析呈現。藉由個案的具體分析，加之比較台灣 2019 年正式推行的無形資產融資模式及其實踐，歸納總結出中國大陸於專利權證券化實踐中的問題及其挑戰。

　　從研究價值而言，本文所研究的專利權證券化呈現出立法層面與執行層面的差異性，實踐個案中關於專利權評估的不同標準及其背後所體現的法律邏輯，對於證券化制度應用於專利權融資的未來走向有著不同的指向作用。從宏觀層面來看，中國大陸的專利權證券化經驗也為其他國家和地區提供了一種專利權融資的實踐參考。

學版）》，26 卷 4 期，頁 60-62；另參見唐飛泉、謝育能（2020），〈專利資產證券化的挑戰與啟示——以廣州開發區實踐為例〉，《金融實務》，93 卷，頁 115-117。

第二章　中國大陸專利權證券化：實踐現狀與發展瓶頸

2.1 中國大陸知識產權證券化的發展現狀

2.1.1 知識產權證券化的相關政策梳理

伴隨著中國大陸經濟體量的不斷膨脹，其國內企業逐漸開始擁有數量龐大的知識產權。[1]但對於「輕資產，缺擔保」的創新型企業來說，最大的難題仍然在於如何獲得穩定的資金支持以維持旗下產品的前期開發及其後續利用。是故，從 2006 年開始，在以銀行業為主導的投融資背景下，中國大陸啟動了知識產權質押貸款的試點工作。[2]自此以後，知識產權質押貸款成為了中小新創企業的一種重要融資途徑。[3]然從實踐上看，中國大陸知識產權質押貸款融資體量仍然過

---

[1] 「2018 年中國大陸發明專利申請量為 154.2 萬件，其中 PCT（Patent Cooperation Treaty）國際專利申請 5.5 萬件，同比增長 9.0%。在商標方面，2018 年有效商標註冊量達到 1804.9 萬件，同比增長 32.8%；其中，馬德里商標國際註冊申請量 6594 件，同比增長 37.1%。在著作權方面，作品、計算機軟件著作權登記量分別達 235 萬件、110 萬件，同比分別增長 17.48%、48.22%。」詳情參見國家知識產權局知識產權發展研究中心（編）（2019），《2018 年中國知識產權發展狀況評價報告》，頁 8-9，http://www.sipo.gov.cn/docs/20190624164519009878.pdf（最後瀏覽日：02/22/2020）。

[2] 參見董登新（2019），〈知識產權融資走向證券化〉，《中國金融》，1 期，頁 68。

[3] 「統計至 2019 年一季度末，銀行業金融機構知識產權質押貸款業務戶數 6448 戶，比 2018 年初增加 1200 餘戶；融資總額 985 億元人民幣，比 2018 年初增長 98%。2018 年新增專利權、商標專用權質押融資登記金額 1224 億元人民幣，同比增長 12.3%；新增著作權質押擔保主債務登記金額為 79.6 億元人民幣。由此可見，知識產權質押融資業務規模在中國大陸實現了有序增長。」參見中國大陸國務院網站（08/19/2019），〈銀保監會有關部門負責人就「關於進一步加強知識產權質押融資工作的通知」答記者問〉，http://www.gov.cn/zhengce/2019-08/19/content_5422299.htm（最後瀏覽日：02/23/2020）。

解構兩岸知識產權證券化：法律實踐及其潛在挑戰

小。[4]此外，知識產權評估難、變現難這些本該由市場承擔的風險都落在了銀行上，於是銀行為了降低違約風險，只能提高中小新創企業的融資門檻，加大了對企業資產、業務等企業整體信用的審核力度，同時對貸款的用途和期限也做了限制。[5]為了進一步防範違約風險，銀行業還規定了較知識產權估值較低的授信額度，這使得大部分急需資金的中小企業望而卻步，即便是融到資的企業，也仍需負擔約佔總融資額 10%的手續支出。[6]由此可見，知識產權質押融資在一定程度上難以滿足創新型企業的中長期、大額度的融資需求，中小企業仍然需要其他更為靈活的融資途徑——知識產權證券化。

就當前中國大陸知識產權證券化的實踐而言，其具有很強的政策驅動性與試驗性質。截止至 2019 年 8 月，推動知識產權證券化試點的相關政策性文件如表 2 所示。

表 2　中國大陸推廣知識產權證券化的主要政策性文件（2015 至 2019 年）[7]

序號	時間	政策性文件
1	03/13/2015	關於深化體制機制改革加快實施創新驅動發展戰略的若干意見
2	03/30/2015	關於進一步推動知識產權金融服務工作的意見
3	05/25/2015	關於加快建設具有全球影響力的科技創新中心的意見
4	12/18/2015	關於新形勢下加快知識產權強國建設的若干意見
5	12/30/2016	關於印發「十三五」國家知識產權保護和運用規劃的通知
6	09/15/2017	關於印發國家技術轉移體系建設方案的通知
7	04/11/2018	關於支持海南全面深化改革開放的指導意見

---

[4]　參見徐士敏等（編）（2019），《知識產權證券化的理論與實踐》，頁 124，北京：中國金融出版社。

[5]　同前註，頁 125。

[6]　知識產權質押貸款的一般銀行授信額度為該知識產權估值的 25~30%。部分城市發明專利權的授信額上限為專利估值的 30%，實用新型專利權的授信額度上限為專利估值的 20%。此外企業還需額外負擔融資手續費（包含利息、評估費、擔保費等），約佔總融資額 10%左右。同前註；另參見董登新，同前揭註 4，頁 69。

[7]　參見董登新，同前註；另參見徐士敏，同前註，頁 120。

| 8 | 02/19/2019 | 粵港澳大灣區發展規劃綱要 |
| 9 | 08/9/2019 | 關於支持深圳建設中國特色社會主義先行示範區的意見 |

　　2015 年 3 月，在國務院發布的「關於深化體制機制改革加快實施創新驅動發展戰略的若干意見」中首次提出知識產權證券化的概念。[8]隨後，國家知識產權局和上海市政府積極地回應了建設知識產權金融體系的新構想。[9]

　　2016 年 12 月，國務院正式將知識產權證券化寫入了「『十三五』國家知識產權保護和運用規劃」，並指出要「探索開展知識產權證券化和信託業務」。[10]

　　2018 年 4 月，國務院於發布了「關於支持海南全面深化改革開放的指導意見」，[11]並於年末在海南省試點了第一款成功發行的知識產權供應鏈證券化產品──「奇藝世紀知識產權供應鏈金融資產支持專項計畫」，該證券項目於 12 月 18 日在上海證券交易所獲批，並於 12 月 21 日成功發行，融資規模為 4.7 億元人民幣。[12]。

[8] 參見中國大陸國務院網站（03/13/2015），〈關於深化體制機制改革加快實施創新驅動發展戰略的若干意見〉，http://www.gov.cn/xinwen/2015-03/23/content_2837629.htm（最後瀏覽日：02/23/2020）。

[9] 參見中國大陸國務院網站（04/8/2015），〈知識產權局出台意見進一步推動知識產權金融服務工作〉，http://www.gov.cn/xinwen/2015-04/08/content_2843733.htm（最後瀏覽日：02/23/2020）；另參見上海市發展和改革委員會網站（05/29/2015），〈《關於加快建設具有全球影響力的科技創新中心的意見》內容解讀〉，http://fgw.sh.gov.cn/gk/zcjd/kczx/xgjd/20122.htm（最後瀏覽日：02/23/2020）。

[10] 參見中國大陸國務院網站（12/30/2016），〈關於印發「十三五」國家知識產權保護和運用規劃的通知（國發〔2016〕86 號）〉，http://www.gov.cn/zhengce/content/2017-01/13/content_5159483.htm（最後瀏覽日：02/23/2020）。

[11] 參見中國大陸國務院網站（04/11/2018），〈關於支持海南全面深化改革開放的指導意見〉，http://www.gov.cn/zhengce/2018-04/14/content_5282456.htm（最後瀏覽日：02/23/2020）。

[12] 「『奇藝世紀知識產權供應鏈金融資產支持專項計畫』由中國信達海南分公司牽頭，其基礎資產為電視劇著作權於交易中所形成的應收帳款債權，其原始權益人為天津聚量商業保理有限公司，唯一的核心債務人為北京奇藝世紀科技有限公司，計畫管理人和銷售機構為信達証券股份有限公司，評級機構為聯合信用評級有限公司，法律顧問為北京市競天公誠律師事務所上海分所。聯合信用評級有限公司對該款 ABS 優先級證券的評級為 AAA，其中，優先級資產支持證券 A1 的期限約為 1 年，優先級資產支持證券 A2 的期限約為 2 年。」參見證券日報（01/02/2019），〈文化產業實踐融資新路徑──國內發行首單知識產權供應鏈 ABS〉，http://capital.people.cn/BIG5/n1/2019/0103/c405954-30501231.html（最後瀏覽日：02/22/2020）；另參見徐士敏，同前揭註 4，頁 40。

解構兩岸知識產權證券化：法律實踐及其潛在挑戰

　　2019 年，國務院先後發布的「粵港澳大灣區發展規劃綱要」[13]和「關於支持深圳建設中國特色社會主義先行示範區的意見」[14]又再次強調了知識產權證券化試點工作的必要性，期間「第一創業—文科租賃一期資產支持專項計畫」[15]以及「興業圓融—廣州開發區專利許可資產支持專項計畫」在深圳證券交易成功發行。[16]

2.1.2 知識產權證券化的法律規範體系

　　隨著知識產權證券化的試點開展，其法律規範層面的探討亦隨之展開，然中國大陸實行金融行業「分業經營」、「分業管理」的監管模式，基於不同的監管部門各自出台的一系列法律規範體系。[17]在此金融監管的背景下，中國大陸的資產證券化業務主要為以下四種類型，（表 3）。分別為（一）中國人民銀行

---

[13] 參見人民日報（02/19/2019），〈國務院印發「粵港澳大灣區發展規劃綱要」〉，01 版，http://paper.people.com.cn/rmrb/html/2019-02/19/nw.D110000renmrb_20190219_2-01.htm（最後瀏覽日：02/24/2020）。

[14] 參見中國大陸國務院網站（08/09/2019），〈關於支持深圳建設中國特色社會主義先行示範區的意見〉，http://www.gov.cn/zhengce/2019-08/18/content_5422183.htm（最後瀏覽日：02/24/2020）。

[15] 「『第一創業——文科租賃一期資產支持專項計畫』以北京市文化科技融資租賃股份有限公司為原始權益人，其母公司北文投為差額支付承諾人。中誠信證券評估公司對本產品的全部優先級證券給予AAA 評級。其中優先 A1 級 3.1 億元，收益達 5.1%，優先 A2 級 2.75 億元，收益達 5.4%，優先 A3級 1.11 億元，收益達 5.5%。」參見上海證券報（03/29/2019），〈第一創業於深交所成功發行我國首支知識產權證券化產品〉，http://news.cnstock.com/news,bwkx-201903-4356463.htm（最後瀏覽日：02/22/2020）；另該款 ABS 是「以共計 51 項發明專利、實用新型專利、著作權等知識產權為底層資產，以這些底層資產的未來經營現金流所形成的應收帳款債權為基礎資產，共涉及藝術表演、影視製作發行等文創領域多個細分行業。」參見徐士敏等，同前揭註 4，頁 39-40。

[16] 「『興業圓融—廣州開發區專利許可資產支持專項計畫』以廣州開發區內的 11 家民營科技企業 103件發明專利、37 件實用新型專利作為證券化產品的基礎資產。發行總規模 3.01 億元，債項評級達到AAA 級，認購倍數達到 2.25，發行票面利率低至 4.00%。」參見南方快報（09/11/2019），〈廣東發行全國首單專利許可知識產權證券化產品〉，http://kb.southcn.com/content/2019-09/11/content_18897 3891.htm（最後瀏覽日：02/24/2020）。另參見廣州開發區區管委會網站（11/13/2019），〈廣州開發區推動知識產權金融創新塑造最優營商環境〉，http://www.hp.gov.cn/hpqgzkfqzdlyzl/zscq/content/post_5565938.html（最後瀏覽日：08/20/2020）。

[17] 有關中國大陸的金融行業「分業經營」、「分業管理」監管模式參見林華（編）（2017），《中國資產證券化操作手冊》，第 2 版，頁 16，北京：中信出版社。

（簡稱央行）和中國銀行業監督管理委員會（簡稱銀監會）主管的信貸資產證券化，其所發行的證券化產品在銀行間市場流通。（二）中國證券業監督管理委員會（簡稱證監會）主管的企業資產證券化（亦稱為「資產支持專項計畫」），其所發行的產品在證券交易所流通。（三）中國銀行間市場交易商協會（簡稱交易商協會）主管的「資產支持票據（Asset-backed Notes）」。（四）中國保險監督管理委員會（簡稱保監會）主管的「項目資產支持計畫」。

　　本文所述之知識產權證券化是指企業以知識產權為基礎資產發行證券，屬於證監會監管下的企業資產證券化，故其交易結構及其法律適用均依據證監會出台的一系列規定。

表 3　中國大陸的四種資產證券化模式[18]

	信貸資產證券化	企業資產證券化	資產支持票據	項目資產支持計畫
主管部門	中國大陸央行、銀監會	中國大陸證監會	中國大陸交易商協會	中國大陸保監會
法律法規	信託法；信貸資產證券化試點管理辦法[19]	證券投資基金法；證券公司及基金管理公司子公司資產證券化	銀行間債券市場非金融企業資產支持票據指引[21]	資產支持計畫業務管理暫行辦法[22]

---

[18] 同前註，頁 16-17。另參見程楠（2018），《企業改革實用指南：混改、PPP、資產證券化》，頁 205，北京：法律出版社；另參見胡喆、陳府申（編）（2017），《圖解資產證券化：法律失誤操作要點與難點》，頁 27-32，北京：法律出版社；另參見韓良（編）（2015），《資產證券化法法理與案例精析》，頁 175，北京：中國法制出版社。

[19] 參見中國大陸國務院網站（04/20/2005），〈中國人民銀行、中國銀行業監督管理委員會公告〔2005〕第 7 號「信貸資產證券化試點管理辦法」〉，http://www.gov.cn/gongbao/content/2006/content_161453.htm（最後瀏覽日：04/19/2020）。

[21] 中國銀行間市場交易商協會公告〔2012〕第 14 號（08/03/2012），「銀行間債券市場非金融企業資產支持票據指引」，http://www.nafmii.org.cn/xhdt/201208/t20120803_16714.html（最後瀏覽日：04/19/2020）。

[22] 參見中國大陸國務院網站（08/25/2015），〈中國保監會關於印發「資產支持計畫業務管理暫行辦法」的通知（保監發〔2015〕85 號）〉，http://www.gov.cn/zhengce/2015-08/25/content_5023887.htm（最後

		業務管理規定及配套規定[20]		
原始權益人	銀行業金融機構	非金融企業、部分金融企業	非金融企業	未明確規定
特殊目的載體	特殊目的信託	證券公司/基金子公司設立的「資產支持專項計畫」	不強制要求設立 SPV	項目資產支持計畫
發行方式	公開、定向發行	公開、非公開發行	公開、定向發行	未明確
投資者	銀行間市場投資者	合格投資者[23]，且合計不超過核查最終投資人之和	公開發行面向銀行間市場投資者、定向發行面向特定機構投資人	向具有風險識別和承受能力的合格投資者發行
基礎資產	銀行信貸資產，包括不良信貸資產	能產生獨立、持續、可預測現金流的債權、收益權、不動產[24]	債權、收益權、不動產[25]	債權、收益權、不動產[26]

瀏覽日：04/19/2020）。

[20] 參見中國證券監督管理委員會公告〔2014〕第 49 號（11/19/2014），「證券公司及基金管理公司子公司資產證券化業務管理規定」，http://www.csrc.gov.cn/pub/newsite/flb/flfg/bmgf/jj/gszl/201510/t20151012_284996.html（最後瀏覽日：04/19/2020）。

[23] 中國證監會「證券公司及基金管理公司子公司資產證券化業務管理規定」第 29 條。

[24] 中國證監會「證券公司及基金管理公司子公司資產證券化業務管理規定」第 3 條。

[25] 中國銀行間市場交易商協會「銀行間債券市場非金融企業資產支持票據指引」第 2 條。

[26] 中國保監會「資產支持計畫業務管理暫行辦法」第 7 至 11 條。

交易場所	銀行間債券市場、交易所債券市場	證券交易所、證券業協會機構間報價與服務系統、證券櫃檯市場	銀行間債券市場	保險資產登記交易平台
信用評級	初始評級為雙評級、鼓勵投資者付費模式、定向發行可免於評級	初始評級為單一評級，需要跟蹤評級	公開發行應信用評級、採用分級結構發行	初始評級為單一評級，需要跟蹤評級

　　然上述中國大陸四個金融監管部門對於資產證券化的認識過程並不一致，也缺少一個有權的上位機構推動統一立法，因此在缺少上位立法層面的一致統一情況下，中國大陸的各個監管部門針對其所主管的資產證券化業務分別出台了相關細部規定。[27]由此產生的問題在於法規範的不成體系化，例如中國證監會所主管的企業資產證券化過程中證券公司的財會、稅務等方面的處理均需參照適用中國大陸央行與銀監會制定的信貸資產證券化規則，而這種參照適用是無法應對不同類型資產證券化的進一步擴大發展需求的。[28]多部門分業監管的另一弊端，在於相關法規的法律層級較低，例如「信貸資產證券化試點管理辦法」為部門規章，「證券公司資產證券化業務管理規定」僅為規範性文件，而一旦出現法律適用和解釋上的糾紛，可能需要法院作出司法層面的最終認定。

2.1.3 知識產權證券化的特殊目的載體

　　鑒於上文所述，中國大陸的四種資產證券化模式都具有其既定的特殊目的載體形式。屬於證監會監管下的知識產權證券化，其特殊目的載體則皆為「資產支持專項計畫」這一形式。而在證券化交易過程中設置特殊目的載體（SPV）的目的主要是為了實現「破產隔離」——即隔離了資產池與原始權益人，以及

---

[27] 有關中國大陸個金融監管部門針對其所主管的資產證券化業務出台的各項細部規定，參見丁丁、侯鳳坤（2014），〈資產證券化法律制度：問題與完善建議〉，《證券法苑》，13卷，頁238。

[28] 同前註。

資產池與 SPV 設立者之間的風險。

　　資產證券化的法律本質是以債權所生之未來現金流為支持，通過公開發行債權性證券以獲取融資的金融活動。是故，知識產權證券化則是企業以知識產權為基礎資產，通過發行證券以獲取其所擁有之專利權的未來現金流。同資產證券化一樣，知識產權證券化實質上包括「資產重組」、「破產隔離」以及「信用增級」三大核心步驟，其中的「破產隔離」原則，更是貫穿了資產證券化的整個融資過程。具有獨立法律地位的特殊目的載體（SPV）之設立，可作為資產風險隔絕的法律防火牆，從而實現了資產池與原始權益人的隔絕，以及資產池與 SPV 設立者之間的風險分離。[29]

　　截至目前，在中國大陸的知識產權證券化案例中，SPV 是指由證券或基金公司為開展資產證券化業務所設立的「資產支持專項計畫（以企業資產為發行基礎）」擔任。該「資產支持專項計畫」的法律性質雖然以買賣契約為形式，確實以資產的切割和委託為最終目的。[30]然需要注意的是，其本身並不具備明確獨立的民事主體資格，這一法律主體的缺失，會導致 SPV 的「破產隔離」效力存在不確定性。[31]

2.2 中國大陸知識產權證券化的實踐個案：以專利權為例

　　為了釐清當前中國大陸專利權證券化實踐的風險及其挑戰，本文將對 2019年 12 月前涉及專利權證券化的 3 款實踐案例進行具體分析（表 4），分別為「第一創業——文科租賃一期資產支持專項計畫」、「興業圓融——廣州開發

---

[29] 有關 SPV 的性質與功能，詳見第一章 1.2.2 小節。

[30] 參見沈朝暉（2017），〈企業資產證券化法律結構的脆弱性〉，《清華法學》，11 卷 6 期，頁 63-69。

[31] 為了抑制由「資產支持專項計畫」的法律定性不明所導致的額外交易風險，實踐中還會採用「雙層SPV」的交易結構設計來加強 SPV「破產隔離」功能，但截止目前所發行的幾款知識產權支持證券並沒有採取所謂的「雙層 SPV」的交易架構。有關「雙層 SPV」交易結構的實踐案例詳見洪艷蓉（2019），〈雙層 SPV 資產證券化的法律邏輯與風險規制〉，《法學評論》，第 214 期，頁 89。

區專利許可資產支持專項計畫」以及「平安證券——高新投知識產權 1 號資產支持專項計畫」。[32]本章節 2.2.1 至 2.2.3 小節，將詳述這 3 款實踐案例。

表 4　中國大陸專利權證券化的相關實踐個案（2019 年）[33]

證券名稱	「第一創業——文科租賃一期資產支持專項計畫」	「興業圓融——廣州開發區專利許可資產支持專項計畫」	「平安證券——高新投知識產權 1 號資產支持專項計畫」
發行時間	2019/03/28	2019/09/11	2019/12/26
基礎資產	知識產權的融資租賃契約應收帳款債權	專利權的授權許可契約應收帳款債權	知識產權的質押貸款應收帳款債權
資產池構建模式	知識產權融資租賃模式	專利二次許可模式	知識產權質押貸款模式
融資總額	7.33 億元（人民幣）	3.01 億元（人民幣）	1.24 億元（人民幣）
融資期限	1-3 年	3-5 年	1-2 年

2.2.1 第一創業——文科租賃一期資產支持專項計畫

2.2.1.1 主要參與者及其交易結構

　　2019 年 3 月 28 日，北京市文化科技融資租賃股份有限公司（簡稱「文科租賃」）以知識產權租賃債權為基礎資產，發行了一款知識產權證券化產品——「第一創業——文科租賃一期資產支持專項計畫」（以下簡稱北京「文科租賃一期」案或者「文科租賃一期」案）。該項目的融資規模為 7.33 億元（人民幣），

---

[32] 中國大陸於 2020 年發行的知識產權支持證券有：（1）2020 年 3 月在上交所發行的「浦東科創 1 期知識產權資產支持專項計畫」，其基礎資產為專利權的融資租賃債權；（2）2020 年 3 月在深交所發行的「南山區-中山證券-高新投知識產權 1 期資產支持專項計畫」，其基礎資產都為專利權的小額貸款債權。參見人民網（04/14/2020），〈「知產」變「資產」還要越過幾重山？〉，http://industry.people.com.cn/n1/2020/0414/c413883-31672517.html（最後瀏覽日：04/21/2020）。這兩個案例較新且具體資料不詳，故本文暫不做案例分析。

[33] 作者製表。詳見第二章 2.2.1 至 2.2.3 小節。

採用優先/次級支付機制[34]，其主要參與者（表5）及其法律關係如下文所述。

表5 北京「文科租賃一期」案之主要參與者[35]

序號	交易結構中角色	公司名稱
1	原始權益人/知識產權買受人/出租人/第一差額支付承諾人/資產服務商	北京市文化科技融資租賃股份有限公司
2	知識產權出售人/承租人/付款義務人	13家中小科技型企業
3	第二差額支付承諾人	北京市文化投資發展集團有限責任公司
4	計畫管理人/證券銷售機構	第一創業證券股份有限公司
5	託管人/託管銀行	華夏銀行股份有限公司北京分行
6	監管銀行	南京銀行股份有限公司北京分行
7	信用評級機構	中誠信證券評估有限公司
8	登記託管機構	中國證券登記結算有限公司深圳分公司

作為原始權益人的文科租賃，成立於2014年7月，是經北京市文化改革和發展領導小組辦公室批准，由北京市文化投資發展有限公司（簡稱「文投集團」）[36]聯合中國恆天集團有限公司等多家公司出資成立的，其初始註冊資本為11.20

---

[34] 第一創業—文科租賃一期資產支持專項計畫優先級證券代碼（簡稱）為：139553（文化A1）；139554（文化A2）；139555（文化A3）。詳見深圳證券交易所企業資產支持證券產品信息查詢網站，http://bond.szse.cn/disclosure/productinfo/eabs/index.html（最後瀏覽日：04/27/2020）。

[35] 參見第一創業證券股份有限公司披露之《「第一創業——文科租賃一期資產支持專項計畫」說明書》，頁43-46，https://www.firstcapital.com.cn/main/ycyw/zcgl/qxcp/zxlcjh/zxcp/ZX0010/cpgk.html#pictureOne（最後瀏覽日：04/27/2020）。

[36] 「北京市文化投資發展集團有限責任公司（簡稱「文投集團」），是由北京市政府授權北京市國有文化資產監督管理辦公室（簡稱「北京文資辦」）所成立的國有獨資公司。」參見文投集團網站，http://www.bjwt.com/about/survey_detail.html（最後瀏覽日：05/09/2020）。

億元（人民幣）。[37]該公司成立宗旨即是為了相應政策號召，以融資租賃為手段，開展文化創意、知識產權等領域的租賃業務，並利用資產證券化等公開市場募集方式，為文化創新類項目提供融資。[38]截止至本專項計畫簽訂日時，文科租賃的控股股東為持股比例達33.07%的國有獨資企業——文投集團，同時文科租賃的實際控制人也正是成立文投集團的北京市文資辦。[39]

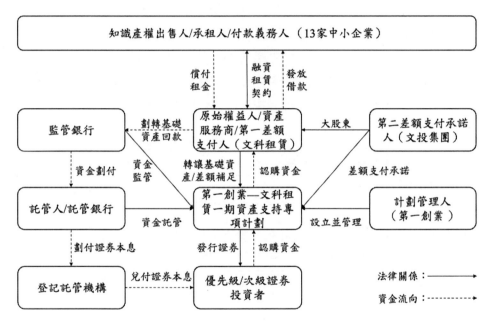

圖3　北京「文科租賃一期」案之基本交易結構[40]

北京「文科租賃一期」案的基本交易結構如圖3所示。由第一創業證券股

---

[37] 參見中誠信國際信用評級有限責任公司信用評級委員會（07/17/2018），〈2018年北京市文化科技融資租賃股份有限公司主體信用評級報告（信評委函字〔2018〕0997M號）〉，頁1，https://notice.eastmoney.com/pdffile/web/H2_AN201904181320389247_1.pdf（最後瀏覽日：05/07/2020）。

[38] 同前註，頁7。

[39] 參見「第一創業——文科租賃一期資產支持專項計畫」說明書，同前揭註35，頁53；另參見北京市國有資產管理中心網站，http://wzb.beijing.gov.cn/（最後瀏覽日：05/07/2020）。

[40] 作者製圖，修改自「第一創業——文科租賃一期資產支持專項計畫」說明書，同前揭註35，頁46。

份有限公司（簡稱「第一創業」）按照「文科租賃一期」案之標準條款規定，設立並管理本專項計畫。合格投資者則通過與第一創業簽訂契約來購買證券。

　　文科租賃作為原始權益人、資產服務商以及第一差額支付承諾人，其主要職責為轉讓、管理知識產權，並承擔發行證券的差額補足義務。文投集團作為文科租賃的控股股東股東以及本專項計畫的第二差額支付承諾人[41]，須向計畫管理人（代表本專項計畫以及投資者）出具第二差額支付承諾函。

2.2.1.2 基礎資產：知識產權的融資租賃債權

　　北京「文科租賃一期」案的基礎資產為原始權益人依據融資租賃合同（契約）對承租人享有的租金請求權及其附屬擔保權益。本案中的承租人（13家中小科技型企業）均採用了知識產權融資租賃（售後回租）模式進行融資（圖4）。

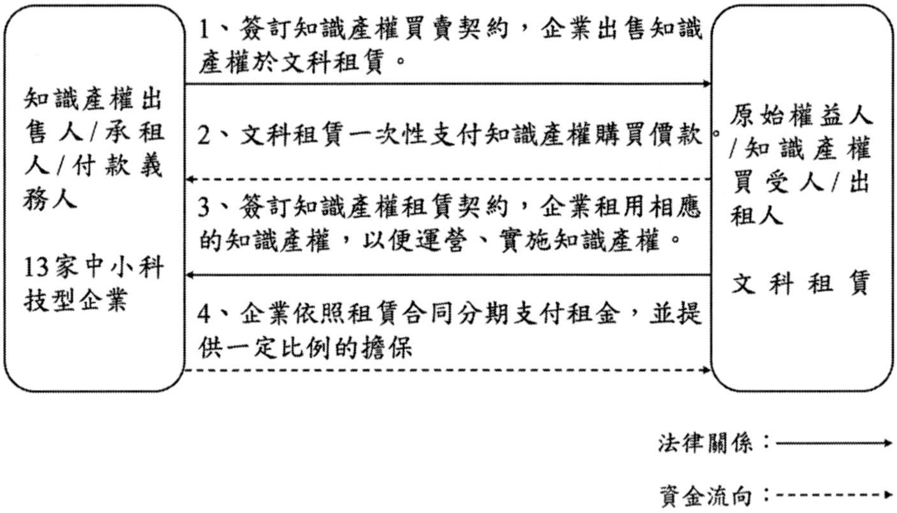

知識產權出售人/承租人/付款義務人 13家中小科技型企業	1、簽訂知識產權買賣契約，企業出售知識產權於文科租賃。	原始權益人/知識產權買受人/出租人 文科租賃
	2、文科租賃一次性支付知識產權購買價款	
	3、簽訂知識產權租賃契約，企業租用相應的知識產權，以便運營、實施知識產權。	
	4、企業依照租賃合同分期支付租金，並提供一定比例的擔保	

法律關係：──────▶

資金流向：╴╴╴╴╴▶

圖4　北京「文科租賃一期」案之知識產權融資租賃模式[42]

---

[41] 參見文科租賃網站，https://www.bjwkzl.com/index.php/gywm/gdzy（最後瀏覽日：04/26/2020）。

[42] 參見文科租賃之融租模式介紹，https://www.bjwkzl.com/index.php/rzzl/rzms/rzms-20160623161352.html（最後瀏覽日：05/08/2020）。另參見鮑新中（2017），《知識產權融資：模式與機制》，頁158-159，北京：知識產權出版社。

在該模式中，承租企業先將自己所擁有的知識產權出售於文科租賃，以此獲得租賃公司支付的知識產權採購價款。再藉由簽訂租賃契約，由承租人以租賃的方式繼續獲得相應知識產權的使用權，同時，承租人須並合同約定分期支付知識產權的租賃租金。這些由知識產權租賃合同所產生的未來現金流（包括分期支付的租金以及附屬擔保權益）即為支付證券本息的來源。[43]

在「文科租賃一期」案的 13 家承租人中，只有兩家公司以專利權為融資（租賃）標的物，分別是湖北凱樂科技股份有限公司（簡稱「凱樂科技」）以及深圳市科陸電子科技股份有限公司（簡稱「科陸電子」），具體如下表所示（表6）。

表 6　北京「文科租賃一期」案之專利權承租人概況[44]

專利權承租人	湖北凱樂科技股份有限公司	深圳市科陸電子科技股份有限公司
股票代號	凱樂科技 600260.SH （上海證券交易所主板 A 股）	ST 科陸 002121 （深圳證券交易所主板 A 股）
成立時間	1993 年	1996 年
上市時間	2000 年	2007 年
專利總資產	發明 27 件，新型 86 件	發明 469 件，新型 257 件
總市值	143.90 億元人民幣	50.42 億元人民幣
專利權租賃額	1 億元人民幣	1 億元人民幣
融資租賃利率	5.7%	6.3%
融資租賃期限	3 年	3 年

從上表中可知，「文科租賃一期」案中僅有的兩家憑藉專利權進行證券化

---

[43] 需要特別注意的是，目前在中國大陸關於知識產權可否作為融資租賃的標的這一問題，存在立法與實踐層面上有爭議。因此採用知識產權融資租賃模式構建的基礎資產池可能存在一定的法律風險。參見「第一創業——文科租賃一期資產支持專項計畫」說明書，同前揭註 35，頁 158。

[44] 作者製表，數據來源：企查查-全國企業信用信息公示系統，https://www.qcc.com/；另參見「第一創業——文科租賃一期資產支持專項計畫」說明書，同前揭註 35，頁 159。

融資之企業（凱樂科技、科陸電子）均為在上市公司，且在本案中每家公司入選的專利資產皆為 2 件，具體如下表所示（表 7）。

表 7　北京「文科租賃一期」案之專利資產概況[45]

專利名稱	管道復合光纜加工工藝	一種鋼、鋁帶自動儲帶機	載波信道電路及應用載波信道電路的智能電錶計量箱系統	一樁多充直流一體式充電樁
專利類型	發明	發明	發明	發明
申請人	凱樂科技	凱樂科技	科陸電子	科陸電子
專利權人	凱樂科技	凱樂科技	科陸電子	科陸電子
專利權日	2010/04/07	2015/02/18	2016/11/30	2016/11/30
融資租賃合同簽署日	2018/07/05	2018/07/05	2018/07/27	2018/07/27

2.2.1.3 入池資產篩選及其價值評估

在「文科租賃一期」案中，文科租賃作為原始權益人，其主營的融資租賃業務正是其發行證券的基礎資產來源。這些租賃業務的選擇及其所生之未來現金流的穩定性，不僅關係著資產支持證券的投資風險，更直接影響到文科租賃本身的信用價值。因此文科租賃在選擇作為基礎資產時，會依據公司內部的盡職調查程序來遴選專利權。[46]

---

[45] 參見國家知識產權局專利檢索及分析網站，http://pss-system.cnipa.gov.cn/。另參見「第一創業——文科租賃一期資產支持專項計畫」說明書，同前揭註 35，頁 149-150、159。

[46] 文科租賃所制定的「北京市文化科技租賃股份有限公司盡職調查管理辦法實施細則（試行）」會隨實踐中細部問題的出現以及法律法規的變化作實時調整。目前證券市場上有關融資租賃項目的盡職調查法規主要為中國證券投資基金業協會（06/24/2019）發布之「融資租賃債權資產證券化業務盡職調查工作細則（中基協字〔2019〕292 號）」，http://www.cpppf.org/upload/contents/2019/07/20190715152445_34048.pdf（最後瀏覽日：05/09/2020）；中國證券監督管理委員會（11/19/2014）發布的「證券公司及基金管理公司子公司資產證券化業務盡職調查工作指引（中國證監會公告〔2014〕49 號）」，http://www.csrc.gov.cn/pub/newsite/flb/flfg/bmgf/jj/gszl/201510/t20151012_284996.html（最後瀏覽日：05/09/2020）；以及各個各交易場所發布的「融資租賃債權資產支持證券掛牌條件確認指南」。

　　須注意的是，該公司內部盡職調查辦法主要針對承租人為一般性生產經營企業的融資租賃項目，有關專利權等無形資產項目的盡職調查，特別是專利權的價值評估仍需委託第三方來進行。[47]是故，本案中的無形資產評估均委託於在北京市財政局登記備案的第三方資產評估機構進行。[48]在評估專利權時均採用了「收益現值法」，且該方法中「分成率」的確定主要依據各個評估機構的經驗或者行業慣例進行加權評分確定。[49]

　　以評估結果為導向觀之，本案所選擇的專利權均為上市公司比較成熟的專利，此種資產篩選標準亦符合證券化的一般交易邏輯，即在擴大融資的同時維護交易安全。

2.2.1.4 融資風險及其緩解措施

　　綜合上文所述，「文科租賃一期」案的法律風險可歸納為以下三個層面：

　　（一）宏觀層面的風險，即中國大陸資產證券化的固有風險。該風險主要源自於中國大陸金融監管的頂層設計缺失，包括稅務、法律、政策、證券流動性以及 SPV 的「破產隔離」實現不能所導致的資金混同等風險。[50]

　　（二）證券化交易過程中的普遍性風險。主要源自於其結構化的交易過程所產生的內部性系統風險，包括評級、承租人提前退租、差額未及時補足以及原始權益人破產等風險。[51]

　　（三）基礎資產所造成的特殊風險。該風險主要源自於專利權等無形財產

---

[47] 「針對融資租賃物為專利權、著作權等無形物的資產定價問題，文科租賃內部成立了無形資產評估工作小組，由多名具有法律、評估、會計、行業背景的評委參與，以第三方機構出具的評估報告為基準進行再次的復合以便確認融資租賃物的購買金額。一般以第三方評估機構出具的評估價值原值，或是以該估價為基準折扣後投放金額。」參見「第一創業——文科租賃一期資產支持專項計畫」說明書，同前揭註 35，頁 92；中誠信評於文科租賃的主體信評報告中指出，「目前文科租賃已經初步搭建了針對具體租賃項目的盡職調查以及風險控制體系，但是隨著業務中無形資產租賃項目的佔比提升，相應的盡職調查以及風險管理制度仍有待細化。」參見信評委函字〔2018〕0997M 號，同前揭註 37，頁 10-11。

[48] 參見「第一創業——文科租賃一期資產支持專項計畫」說明書，同前揭註 35，頁 156。

[49] 同前註，頁 170-184。有關「收益現值法」以及「分成率」之詳述參見第三章 3.1.2 小節。

[50] 同前註，頁 3-9。

[51] 同前註。

解構兩岸知識產權證券化：法律實踐及其潛在挑戰

的特性，如：（1）無形資產的評估及其變現困難所引發的風險。一方面，知識產權的價值評估是否公允，會直接影響到融資租賃契約的合理性，進而影響證券的償付穩定性。另一方面，在需要對融資租賃的標的物進行變現處理以應對風險時，知識產權的變現實施會受到目前中國大陸無形資產轉讓交易渠道的制約，可能引發知識產權（租賃標的）無法及時變現的風險。[52]（2）知識產權的租賃債權可能無法成為法律上的融資租賃關係之風險。關於知識產權等無形資產是否可被認定為法律定義下的融資租賃物，目前仍處於中國大陸司法上的空白地帶。若是由此產生紛爭，還是需要法院依據現行法做出最終的判斷。[53]（3）承租物（知識產權）需求下降風險。由於本專項計畫中的融資租賃標的物皆為專利權、著作權等無形資產，很有可能因為市場需求變化或者技術更新等情況的發生，而導致其需求或者價值下降。[54]

本案中應對上述風險的主要措施則為證券的優先級/次級支付機制[55]、國有集團母公司出具的差額支付承諾[56]，以及由北京市政府提供的專項風險補償金。[57]

---

[52] 同前註，頁 4。

[53] 「依據《最高人民法院關於審理融資租賃合同糾紛案件適用法律問題的解釋（2014 年 2 月 24 日法釋〔2014〕3 號）》第一條，對名為融資租賃合同，但實際不構成融資租賃法律關係的，人民法院應按照其實際構成的法律關係處理。無形資產租賃有可能被認為僅有資金空轉而沒有融資租賃物屬性，並可能進一步被認定為是借貸關係。」同前註，頁 5。

[54] 同前註，頁 7。

[55] 「第一創業——文科租賃一期資產支持專項計畫」的優先級/次級支付機制是以資產池應收租金本金規模計算，本專項計畫的優先級證券可獲得次級證券共計 5.09%的信用支持，該次級證券均由原始權益人（文科租賃）認購，以防範其道德風險。同前註，頁 47。

[56] 「第一創業——文科租賃一期資產支持專項計畫」由文科租賃及其控股股東文投集團分別擔任第一、第二差額支付承諾人，以擔保證券的到期還本付息。同前註，頁 47-48。

[57] 2014 年 9 月，北京市財政局、文資辦聯合印發的「北京市文化創意產業統貸平台風險補償專項資金管理辦法的通知（京財文〔2014〕1891 號文件）」，設立共計 1.5 億元的風險補償金，專項用於補償為開展文化無形資產融資擔保以及融資租賃業務所發生的風險，其中文科租賃獲得共計 7500 萬元的風險補償金。同前註，頁 66。

2.2.2 興業圓融——廣州開發區專利許可資產支持專項計畫

2.2.2.1 主要參與者及其交易結構

2019 年 9 月，廣州開發區金融控股集團有限公司（簡稱「開發區金控」）的控股子公司——廣州凱德融資租賃有限公司（簡稱「凱德租賃」）[58]，以廣州市 11 家中小科技型民營企業的 140 件專利的專利許可權為基礎資產，發行了首款專利權證券化產品——「興業圓融—廣州開發區專利許可資產支持專項計畫」（以下簡稱廣州「開發區專利許可」案或者「開發區專利許可」案）。本案的融資總量為 3.01 億元人民幣，採用優先/次級支付機制。[59]其主要參與者（表 8）如下文所述。

表 8　廣州「開發區專利許可」案之主要參與者[60]

序號	交易結構中的角色	公司名稱
1	原始權益人/資產服務商	廣州凱德融資租賃有限公司
2	專利權人/專利客戶/付款義務人	廣州市 11 家中小科技型民營企業
3	流動性支持承諾人/差額支付承諾人	廣州開發區金融控股集團有限公司
4	計畫管理人（SPV 管理人）	興證證券資產管理有限公司
5	銷售機構（承銷商）	興業證券股份有限公司
6	監管銀行/託管人/託管銀行（受託人）	中國民生銀行股份有限公司廣州分行
7	信用評級機構	中誠信證券評估有限公司
8	登記託管機構	中國證券登記結算有限公司深圳分公司

---

[58] 參見企查查-全國企業信用信息公示系統，https://www.qcc.com/；參見中誠信證券評估有限公司信用評級委員會（08/16/2019），〈「興業圓融—廣州開發區專利許可資產支持專項計畫」優先級資產自持證券信用評級報告（信評委函字〔2019〕A393-P 號）〉，頁 5，http://www.ixzzcgl.com/upload/20191119/20191119103439806.pdf（最後瀏覽日：02/24/2020）。

[59] 參見廣州市地方金融監督管理局網站（09/18/2019），〈廣州在深圳證券交易所成功發行全國首單純專利許可資產支持專項計劃〉，http://jrjgj.gz.gov.cn/zxgz/zbsc/content/post_2790818.html（最後瀏覽日：04/21/2020）。

[60] 參見信評委函字〔2019〕A393-P 號，同前揭註 58，頁 1。

　　本案的具體交易結構與流程如下圖（圖5）所示。其中，興證證券資產管理有限公司（簡稱「興證資管」）依照「開發區專利許可」案之標準條款的規定，設立並管理本專項計畫。投資者則通過與興證資管簽訂契約來購買證券。

　　凱得租賃作為原始權益人，與計畫管理人（興證資管）簽訂基礎資產買賣契約，以便實現基礎資產與原始權益人之間的「破產隔離」。此外，凱得租賃還需根據本專項計畫的服務契約來履行資產服務商職責。開發區金控作為凱得租賃的直接或間接的100%控股母公司，須向興證資管（代表投資者）出具流動性支持承諾函[61]以及差額支付承諾函[62]。

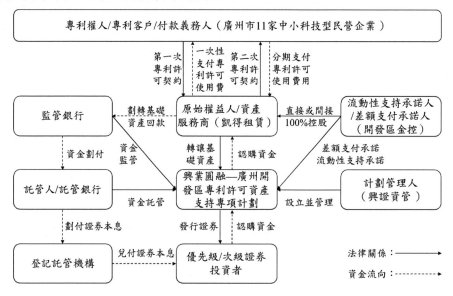

圖5　廣州「開發區專利許可」案之基本交易結構[63]

---

[61] 在證券發行期間，由開發區金控向計畫管理人（興證資管）承諾，保障維持凱得租賃的正常運營及其存續。同時，開發區金控的直接或間接對凱得租賃之持股比例不低於100%、從而確保開發區金控能夠按時足額支付其所擔保的金額。同前註，頁9。

[62] 在證券發行期間，由開發區金控向計畫管理人（興證資管）承諾，對本案中特設的專項計畫資金（SPV）不足以支付專利支持證券的優先級證券本息時，由開發區金控承擔差額資金補足義務。同前註，頁10。

[63] 作者製圖，修改自信評委函字〔2019〕A393-P號，同前註，頁9。

2.2.2.2 基礎資產：專利許可債權

　　廣州「開發區專利許可」案是以廣州開發區內中小民營企業為項目的潛在融資對象，其基礎資產為凱得租賃（原始權益人）依據專利許可契約對專利客戶（中小企業）享有的專利許可使用費應收帳款債權。[64]本案一共從開發區內 60多家候選中小企業中選取了包括威創集團股份有限公司（簡稱「威創股份」）、廣州華銀醫學檢驗中心有限公司（簡稱「華銀醫檢」）以及廣州吉歐電子科技有限公司（簡稱「吉歐電子」）等在內的 11 家中小民營企業（表 9）。[65]

表 9　廣州「開發區專利許可」案之部分專利權人概況[66]

專利權人	威創股份	華銀醫檢	吉歐電子
股票代號	威創股份 002308（深交所中小板 A 股）	無	無
成立時間	2002 年	2009 年	2011 年
上市時間	2009 年	無	無
專利總資產	發明 1819 件，新型 175 件	發明 17 件，新型 33 件	發明 29 件，新型 34 件
總市值	71.50 億人民幣	註冊資本 1000 萬人民幣	實繳資本 800 萬人民幣

　　其中威創股份以包含「多屏拼接裝置及其多屏拼接方法」在內的 22 件專利權進行融資，華銀醫檢以包含「遠程病理診斷切片數字圖像處理及傳輸技術」在內的 4 件專利權進行融資（表 10）。[67]

---

[64] 同前註，頁 1。

[65] 參見國家知識產權局（09/11/2019），〈廣州開發區：探索知識產權證券化〉，http://www.cnipa.gov.cn/mtsd/1142138.htm（最後瀏覽日：07/30/2020）。另參見廣州開發區管委會網站（11/13/2019），〈廣州開發區推動知識產權金融創新塑造最優營商環境〉，http://www.hp.gov.cn/hpqgzkfqzdlyzl/zscq/content/post_5565938.html（最後瀏覽日：08/20/2020）。

[66] 作者製表，數據來源：企查查——全國企業信用信息公示系統，https://www.qcc.com/。

[67] 參見國家知識產權局，同前揭註 65。

表 10　廣州「開發區專利許可」案之部分專利權概況[68]

專利名稱	多屏拼接裝置及其多屏拼接方法	遠程病理診斷切片數字圖像處理及傳輸技術
專利類型	發明	發明
專利權人	威創股份	華銀醫檢
專利權日	2012/05/09	2016/11/16
專利許可合同簽署日	20190802	20190802
專利許融資額（平均值）	279.5 萬元（人民幣）每件	
融資期限	5 年	

　　為了構建符合資產證券化操作的基礎資產池，原始權益人與專利權人之間共簽訂了兩次專利許可合同（契約）以構建未來之穩定現金流，因此本案的資產池構建模式也被稱為「專利權二次許可」模式（圖 6）。

---

[68] 作者製表，數據來源：國家知識產權局專利檢索及分析網站，http://pss-system.cnipa.gov.cn/。

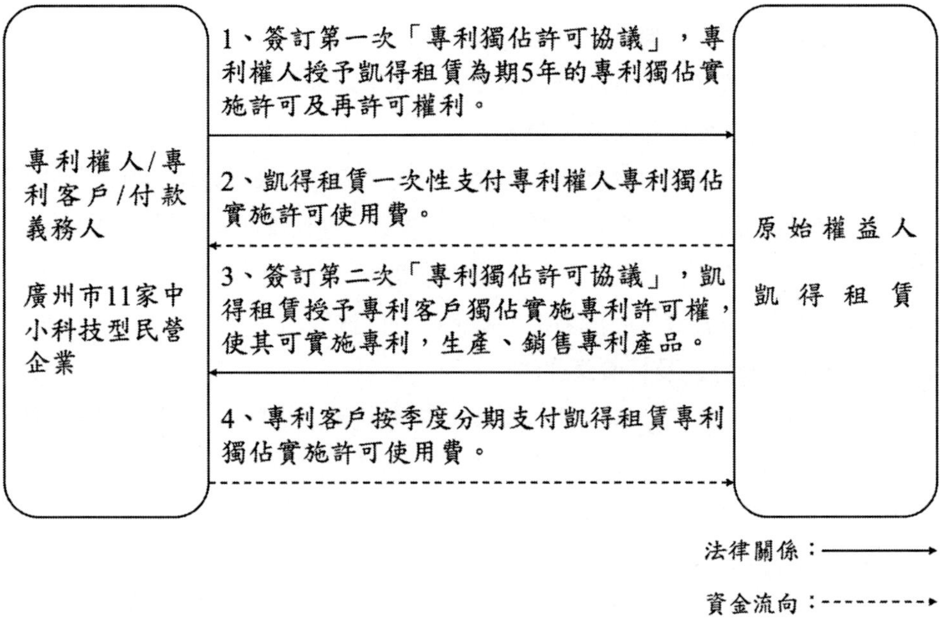

專利權人/專利客戶/付款義務人 廣州市11家中小科技型民營企業	1、簽訂第一次「專利獨佔許可協議」，專利權人授予凱得租賃為期5年的專利獨佔實施許可及再許可權利。
	2、凱得租賃一次性支付專利權人專利獨佔實施許可使用費。
	3、簽訂第二次「專利獨佔許可協議」，凱得租賃授予專利客戶獨佔實施專利許可權，使其可實施專利，生產、銷售專利產品。
	4、專利客戶按季度分期支付凱得租賃專利獨佔實施許可使用費。

原始權益人

凱　得　租　賃

法律關係：———————▶

資金流向：‑‑‑‑‑‑‑‑‑‑▶

圖6　廣州「開發區專利許可」案之「專利權二次許可」融資模式[69]

　　第一次專利許合同是專利權人（11家民企）與原始權益人（凱得租賃）簽訂的「專利獨佔許可協議」。在第一次專利許可合同項下，專利權人（作為許可方），以獨佔許可專利的方式將特定專利授予凱得租賃（作為被許可方）。故此由凱得租賃取得了特定專利權的約定權益及其再許可權利，並負有向專利權人一次性支付5年專利獨佔實施許可費的義務。在此環節中，企業可憑藉一件專利權獲得約為250萬元人民幣的融資。[70]

　　第二次專利許可合同則是由凱得租賃（作為許可方）與11家民營企業（作為專利客戶）簽訂的「專利獨佔許可協議」。在第二次專利許可合同項下，凱得租賃（作為許可方）再次以獨佔許可專利的方式，將特定專利權授還予企業來實施。這樣11家中小企業便可以專利客戶的身份，再次取得了實施專利、生

---

[69] 作者製圖，參見信評委函字〔2019〕A393-P號，同前揭註58，頁9-10。

[70] 同前註。

解構兩岸知識產權證券化：法律實踐及其潛在挑戰

產專利產品的權利。依據第二次專利許可合同的規定，專利客戶須按季度分期向凱得租賃支付第二次專利許可使用費用。此定期付款義務而產生的未來現金流，即為支持證券還本付息的來源。[71]

基於專利權人以及付款義務人的雙重身份，這 11 家民營企業在簽訂專利許可授權契約的同時，會採用「專利質押」或者「專利質押+企業信用擔保」的方式來擔保基礎資產的信用風險。[72]是故，本案中的部分企業真正實現了僅憑藉其專利權即可獲取融資，而無需提供其他額外的擔保。

2.2.2.3 入池資產篩選及其價值評估

「開發區專利許可」案之基礎資產（專利權權益）遴選，同樣也是由原始權益人（凱得租賃）通過其內部盡職調查程序篩選而出的。其中關於專利資產的價值評估及其專利許可之定價，是由凱得租賃內部的無形資產評估小組考量第三方資產評估機構出具的資產評估報告所確定的。在具體操作中，金融機構與資產評估公司利用大數據的分析方法，從技術、法律、市場、時效、風險、財務六大方向，結合專利及其對應產品的關聯度、專利所處生命週期、專利所屬行業等參數進行加權評分。在此評分的基礎上，該無形資產評估小組又綜合考量了「收益現值法」的計算結果，並以此最終確定專利權的價值。[73]

從本案的專利遴選結果觀之，本案將來自於 11 個企業之 140 件專利權打包成一個整體作為證券化的融資標的物。這種專利組合的形式可在一定程度上增加專利權的多樣性，以達到最小化融資風險的目的。且本案與「文科租賃一期」案在選擇目標企業時也呈現出各自不同的標準。「文科租賃一期」選擇的都是上市公司的專利權，而本案中卻加入了華銀醫檢、吉歐電子這種未上市的

---

[71] 同前註。

[72] 同前註，頁 22。

[73] 另參見唐飛泉、謝育能（2020），〈專利資產證券化的挑戰與啟示——以廣州開發區實踐為例〉，《金融實務》，93 卷，頁 116；另參見廣州開發區管委會（10/31/2019），〈我區專利資產證券化破解科技企業融資難〉，http://www.hp.gov.cn/xwzx/zwyw/content/post_3622514.html（最後瀏覽日：05/15/2020）；另參見廣州市地方金融監督管理局（09/18/2019），〈廣州在深圳證券交易所成功發行全國首單純專利可資產支持專項計畫〉，http://jrjgj.gz.gov.cn/zxgz/zbsc/content/post_2790818.html（最後瀏覽日：05/15/2020）。

中小新創公司。這個一結果也說明了兩案在專利權評估策略以及目標公司選擇上的差異性。[74]

2.2.2.4 融資風險及其緩解措施

　　專利權證券化作為資產證券化的一種特殊形式，具有後者的一些典型性法律風險，例如 SPV 法律性質不明等風險。除了上述宏觀層面的固有風險外，本案中專利權證券化的特殊風險為基礎資產（專利授權許可權益）的信用風險，即專利權價值的不確定性會對作為證券本息償付來源的基礎資產之預期現金流造成影響。

　　在本案中，作為「守門人」的信用評級公司依據專利權人所在的行業和地區，來審查專利權許可合同的擔保情況以及再許可難易程度等因素，來評定基礎資產的等級。然信用評級公司並非專業的知識產權評估機構，因此其對於企業發行專利權支持證券後的償債能力僅為的「大致判斷」，因而無法全然等同於該評級機構常規意義上的正式信用評級。[75]是故，當基礎資產為專利權時，其信用評級的難度會增加，而其信用評級的準確性卻會降低。為了緩解專利權池所帶來的特殊風險，除了需要專利客戶向凱得租賃支付一定比例的風險金外，仍需要藉助開發區金控的差額支付承諾等一系列信用增級措施來實現。[76]

　　為了應對上述風險，本案的主要信用增及措施為：（1）內部信用增級措施，即採用了基礎資產的「超額抵押」並結合「優先級/次級支付機制」。其中，優先級證券的發行金額為 28595 萬元人民幣，次級證券的發行金額為 1505 萬元人民幣。按資產池（應收專利許可使用費）折現後的現值計算，優先級資產支持證券可獲得 5.00%的信用支持，比投資者的預期收益率（4%）高出一個百分點。[77]（2）外部信用增級措施，即引入交易結構外的開發區金控作為原始權益

---

[74] 「文科租賃一期」案與「開發區專利許可」案於專利權評估策略上的差異，詳見第三章 3.1.3、3.2.3 以及 3.3.2 小節。

[75] 參見信評委函字〔2019〕A393-P 號，同前揭註 58，頁 42。

[76] 同前註，頁 5。

[77] 同前註，頁 16-17。

人（凱得租賃）的流動性支持承諾人以及差額支付承諾人。[78]根據本案中信評機構的統計，2016-2019 年間，開發區金在維持資產規模持續增長的同時，亦保持了較低的資產負債率（32.09%-49.63%），且由於其在廣州經濟技術開發區擁有較高的地位，因此由開發區金控提供的流動性支持承諾以及差額支付承諾，可為本證券項目的本息償還提供極強保障。[79]

由此可見，本案的融資風險承擔機制與「文科租賃一期」案呈現出大致相同性，亦由信譽良好之國有集團母公司來作為風險擔保機構。

2.2.3 平安證券——高新投知識產權 1 號資產支持專項計畫

2.2.3.1 主要參與者及其交易結構

2019 年 12 月 26 日，由深圳市高新投小額貸款有限公司（簡稱「高新投小貸公司」）擔任原始權益人的知識產權券化產品——「平安證券——高新投知識產權 1 號資產支持專項計畫」（以下簡稱深圳「高新投 1 號」案或「高新投 1 號」案）於深圳證券交易所正式發行。[80]該證券項目以知識產權的小額貸款債權為基礎資產，由 15 家民營企業作為借款人，以其所擁有的知識產權（專利、軟件著作權、實用新型等）為質押向高新投小貸公司進行貸款融資。[81]本專項計畫的首期融資規模為 1.24 億元，其主要參與者（表 11）以及基本交易結構（圖 7）如下文所述。

---

[78] 「開發區金控是由廣州經濟技術開發區管理委員會（隸屬於廣州市人民政府）出資成立的國有獨資有限責任公司，其業務經營較為多元化，主營業務包含電力及供熱、房地產項目建設和運營、金融與投資等。」參見廣州開發區管委會網站，http://www.hp.gov.cn/gzjg/index.html（最後瀏覽日：04/24/2020）。另參見廣州開發區金融控股集團有限公司網站，http://www.getholdings.com.cn/（最後瀏覽日：04/24/2020）。

[79] 參見信評委函字〔2019〕A393-P 號，同前揭註 58，頁 1-5。

[80] 「平安證券——高新投知識產權 1 號資產支持專項計畫」於深圳證券交易所發行的證券簡稱：高知 1A1，證券代碼：138229。參見深圳證券交易所網站，http://www.szse.cn/bond/disclosure/bizanno/biznotice/t20191225_572854.html（最後瀏覽日：04/27/2020）。

[81] 參見平安證券股份有限公司於 2019 年 12 月 25 日披露的《「平安證券——高新投知識產權 1 號資產支持專項計畫」說明書》，頁 9，載於：https://stock.pingan.com/static/webinfo/assetmanage/securitizationInfo.html?id=3323（最後瀏覽日：04/26/2020）。

　　平安證券股份有限公司（簡稱「平安證券」）按照「高新投 1 號」案標準條款規定，設立並管理本專項計畫。合格投資者通過與平安證券簽訂契約來購買證券。高新投小貸公司作為原始權益人與資產服務商，與計畫管理人（平安證券）簽訂基礎資產買賣契約，以便實現基礎資產與原始權益人之間的「破產隔離」。深圳市高新投集團有限公司（簡稱「高新投集團」）作為高新投小貸公司的控股母公司[82]，須向平安證券（代表本專項計畫以及投資者）出具差額支付承諾函。[83]

表 11　深圳「高新投 1 號」案之主要參與者[84]

序號	參與主體	名稱
1	原始權益人/資產服務商/貸款人	深圳市高新投小額貸款有限公司
2	知識產權人/出質人/借款人	深圳市 15 家中小科技型民營企業
3	基礎資產擔保人	深圳市高新投融資擔保有限公司
4	差額支付承諾人	深圳市高新投集團有限公司
5	計畫管理人	平安證券股份有限公司
6	銷售機構（承銷商）	平安證券股份有限公司
7	監管銀行/託管人/託管銀行（受託人）	平安銀行股份有限公司深圳分行
8	信用評級機構	中誠鵬元資信評估有限公司
9	登記託管機構	中國證券登記結算有限公司

---

[82] 參見深圳市高新投集團有限公司網站，https://www.szhti.com.cn/#/home（最後瀏覽日：04/26/2020）。

[83] 參見「平安證券——高新投知識產權 1 號資產支持專項計畫」說明書，同前揭註 81，頁 27-29。

[84] 同前註。

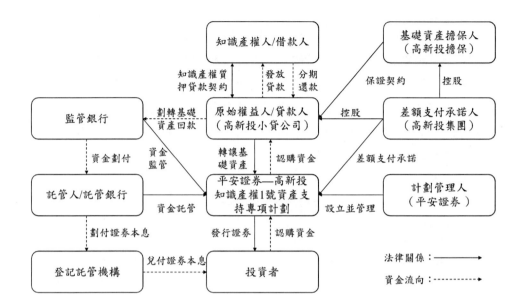

圖 7　深圳「高新投 1 號」案之基本交易結構[85]

2.2.3.2 基礎資產：知識產權質押貸款債權

　　「高新投 1 號」案以知識產權質押貸款債權為基礎資產，該基礎資產是原始權益人（高新投小貸公司）依據知識產權質押借款合同（契約）對借款人享有的應收帳款債權。本案中，基礎資產所生之未來現金流價值的擔保人為深圳市高新投融資擔保有限公司（簡稱「高新投擔保公司」），其借款人為深圳市15 家民營企業，主要集中於製造業、信息技術業以及建築業，用以擔保現金流穩定性的底層質押物主要為實用新型專利、發明專利以及軟件著作權（表 12）。

85　作者製圖，修改自同前註，頁 40。

表 12 深圳「高新投 1 號」案之基礎資產概況[86]

1	基礎資產	原始權益人依據借款合同對借款人享有的本息請求權（包含其他從權利以及附屬擔保權益）
2	知識產權人/出質人/借款人	深圳市 15 家中小科技型民營企業
3	借款人行業分布（及其貸款額佔比）	製造業（71.77%）、信息技術業（20.16%）、建築業（8.06%）
4	底層質押物（及其貸款額佔比）	發明專利（18.55%）、軟件著作權（12.10%）、實用新型專利（69.35%）
5	基礎資產擔保人	深圳市高新投融資擔保有限公司
8	貸款總額	12400 萬元（人民幣）
9	資產支持證券發行總額	12400 萬元（人民幣）
10	優先級證券發行總額	12300 萬元（人民幣）

2.2.3.3 入池資產篩選及其價值評估

在「高新投 1 號」案中，每家企業憑藉其自身知識產權所獲取的融資均不超過人民幣 1500 萬元（人民幣），且借款人主要為中小微企業法人，因此在入池資產的遴選中原始權益人（高新投小貸公司）著重於審查借款人的資信能力，而不專門針對專利權進行評估。[87]

具體的篩選程序為先由原始權益人對基礎資產進行初步審核篩選，即通過高新投小貸公司的內部風控機構，從質押貸款的法律層面分析基礎資產於權利移轉中的有效性，以及借款人的信用狀況及其還款能力。[88]再由本專項計畫的計畫管理人（平安證券）以及律師通過抽樣盡職調查的方法，從債權金額、知識產權類型等多維度審查每筆入池基礎資產的風險。[89]

---

[86] 同前註，頁 111-113。

[87] 同前註，頁 107-117。

[88] 同前註，頁 58-59。

[89] 同前註，頁 129。

　　從上述操作中可知，高新投小貸公司並沒有實施專利權的價值評估。該公司仍然按照一般的授信審查程序對企業本身進行貸款審查。換言之，本案的融資審查程序與一般的企業貸款並沒有本質上的區別。

2.2.3.4 融資風險及其緩解措施

　　由於本案並未對專利權價值進行評估，而是著重於審查企業的整體信用風險，因此本案的融資風險主要來自於：（1）借款企業的信用風險，即由於中小微企業的整體經營能力較弱，若未來企業經營不利發生虧損，可會存在一定的違約風險。（2）基礎資產評估風險，即由於入池資產數目較多，且並未對每筆知識產權的價值進行評估，取而代之為僅由金融機構與律師採取抽樣盡職調查方式對基礎資產（債權）的一般法律狀態進行審核，因此會有個別知識產權不達借款合同約定標準之可能性。（3）知識產權質押風險，即由於本案的計劃管理人與原始權益人並未聘請獨立的第三方機構評估對知識產權價值進行價值評估，因此將面臨知識產權未足值質押或價值波動風險。[90]

　　綜上所述，本項目的主要風險還是由基礎資產（知識產權）的價值評估所引起的，而最終的風險緩釋則依賴於本證券項目的信用增級措施。除了一般的內部信用增級措施[91]外，主要是依賴外部信用增級措施，即引入高新投集團作為原始權益人（高新投小貸公司）的差額支付承諾人。高新投集團由深圳市國資委 100%控股的國有獨資母公司——深圳市投資控股有限公司為其第一大股東（持股比例高達 41.8%），[92]其主體信用評級長期為 AAA，主要業務是為深圳市孵化初期的科創型企業提供融資擔保服務。[93]本專項計畫中的原始權益人（高

---

[90] 同前註，頁 5-7。

[91] 本案的內部信用增級措施為底層資產（知識產權）的質押、優先級/次級支付機制以及高新投擔保公司對基礎資產的保證。同前註，頁 42。

[92] 參見高新投集團公司股東結構，https://www.szhti.com.cn/#/big/gdjg?id=5f27ee1f3fd54887a42797fe2af8021c&name=%E8%82%A1%E4%B8%9C%E7%BB%93%E6%9E%84（最後瀏覽日：04/27/2020）。

[93] 高新投集團主營擔保、資金管理以及咨詢服務業務，近三年來營業收入逐年增減（11.01 億-20.85 億），且資產負債率相對較低。參見「平安證券──高新投知識產權 1 號資產支持專項計畫」說明書，同前揭註 81，頁 78。

新投小貸公司）與基礎資產擔保人（高新投擔保公司）都是其控股子公司。[94]是故，由高新投集團提供最終的差額支付承諾，可為本證券項目的本息償還提供極強保障。

2.3 中國大陸專利權證券化面臨之挑戰

2.3.1 中國大陸資產證券化的普遍性問題

在中國大陸金融分業經營、監管模式的大背景下，作為企業資產證券化的一種特殊形式，知識產權證券化的法律適用及其交易結構的設計皆須符合中國證監會所既定的法律模式，而由此引發的諸如 SPV「破產隔離」實現不能、證券項目法律性質模糊以及配套監管法規不成體系化等風險，則屬於中國大陸發行之資產支持證券均不可避免之固有風險。[95]除了上述這些由頂層設計缺失所導致的宏觀風險外，由於資產證券化的交易結構複雜性所導致的諸如 SPV 的法律性質定位不明，資金混同、回售、提前還款、借款人違約等系統性風險，亦較為普遍的出現在中國大陸資產證券化的實踐中。[96]這兩種不同維度的投資風險共同匯聚成為中國大陸資產證券化的普遍性問題，推其緣由可能與資產證券化在中國大陸的最初推行目的相關。

綜觀資產證券化在中國大陸的發展歷史，由於「軟預算約束問題」的存在，使得國有企業的債務風險傳遞到了中國政府以及其控制的國有銀行本身。[97]在國企債務壓力持續擴大的背景下，本文所研究的資產證券化，開始在中國政府的主導下快速的推行開來，因此中國大陸資產證券化的最初目的聚焦在了國有

---

[94] 參見高新投集團公司組織架構，https://www.szhti.com.cn/#/big/zzjg?id=5a3f97284b094fe99bd89af59090a141&name=%E7%BB%84%E7%BB%87%E6%9E%B6%E6%9E%84（最後瀏覽日：04/27/2020）。

[95] 詳見第二章 2.1.2、2.1.3 小節。

[96] 詳見第二章 2.2.1、2.2.2、2.2.3 小節。

[97] 有關「軟預算約束問題」的詳述參見第一章 1.3.1 小節。

企業的債務紓困。以國企作為證券化制度設計主要考量對象的做法，使得中國的資產證券化出現了政府主導的特徵，但卻忽視了對於資本需求最為迫切的成長型企業。這種制度設計上的偏頗考量，充斥在中國大陸資產證券化的全部面向，包括但不限於：金融架構的設計（SPV），項目證券的法律性質模糊，以及配套監管法規不成體系化。

然正由於「軟預算約束問題的存在」，上述這些證券化過程中的固有風險似乎有又有了保障，即以國企集團中信譽良好的國有獨資母公司來擔任該證券的差額支付承諾人，可極大程度的緩解由這些頂層設計及交易結構的缺陷所帶來的風險。但這種緩解是建立在先前以有形資產為底層資產發行證券的基礎之上，只要底層基礎資產的價值明確且變現容易，那麼以國企債務紓困為目的的證券化過程就得以形成一個有效的資金融通正向循環。

作為資產證券化的特殊形式，本文所研究的三款知識產權證券化皆由原始權益人的國有控股母公司來擔任其證券的差額支付人，但需要注意的是這三款項目除了皆具固有風險以及系統性風險外，還具有知識產權，特別是專利權的特性所引發的特有風險。本文亦將研究重點聚焦在由專利權的性質所帶來的證券化特殊風險及其挑戰。

2.3.2 專利權證券化的特殊風險及其挑戰

文中所描述的三款項目，均以其原始權益人作為入池資產的篩選主體。這些原始權益人除了須擔負證券發行職責外，還需負責專利權的篩選及其價值評估與風險管理工作。這些原始權益人的共性為，其自身法人性質均為國有控股的金融機構，而其之所以開展知識產權證券化的試點工作，也是為了響應國家推行知識產權證券化的政策，實質是以地方政府的信用來推動中小科技企業知識產權融資的市場化進程。

然專利權作為一種特殊的無形財產權，具有權利本身不穩定、現金流不明確、權利確認方式模糊、價值評估困難等特點，而證券化的理想基礎資產，卻需要具備法律上的獨立性、可預期的穩定現金流、權屬關係明確、權利的可轉

讓性等特點。[98]是故，當專利權自身的特性與證券化的發行流程相結合後，經濟價值不穩定、未來現金流收益不確定性大等性質將會引發以下特殊風險：（一）市場接受度風險。因專利價值評估困難，證券市場對於專利權融資的接受度普遍較低。在中國大陸的實踐中，專利權的市場價值評估往往沒有比較之歷史交易數據，因此大多只得依靠評估人員的經驗來估算專利權的價值。這一現象會造成證券化之基礎資產估值的不確定性增高，特別是那些還有待進一步開發、沒有任何實施、交易記錄的專利權。[99]（二）技術替代風險。現代社會的科技發展迅速，技術革新層出不窮。專利權這一法律概念的產生就是為了鼓勵技術的發展，但是技術的更迭與進步亦會不可避免的引起現有專利權價值的減少。[100]（三）法律風險。例如專利權因無效、侵權等法律事實造成的專利權無法實施，都將影響由專利權衍生債權之未來現金流的穩定性，進而會對當前的專利權價值造成負面影響。[101]

　　這些由專利權特性所引發的投資風險加劇抑制了專利權證券市場的體量大小，而較少的市場體量又反過來減少了專利權證券的流動性和可轉讓性，這無疑又進一步惡化了專利權融資的市場困境。是故，管控專利權證券化的特殊風險並保障其未來現金流的穩定性成為了原始權益人的首要解決難題。若是專利權證券化的風險控制難以達到投資者的期望標準，原始權益人勢必會採取一些信用增級措施來吸引投資。於是在實踐操作中，一般會引入一個信譽良好的第三方機構作為該證券的差額支付承諾人。然現實情況是這些主要的差額支付承諾人皆為原始權益人的非上市國有控股母公司，這些公司的信用擔保的確可在一定程度上轉化專利資產的風險，然若不解決源頭的專利價值評估困難所帶來

---

[98] 參見傅宏宇、譚海波（2017），《知識產權運營管理法律實務與重點問題詮釋》，頁 39-43，北京：中國法制出版社。

[99] 參見朱尉賢（2019），〈當前我國企業知識產權證券化路徑選擇——兼評武漢知識產權交易所模式〉，《科技與法律》，138 期，頁 45。

[100] 參見楊夢（2014），〈我國實施專利證券化的資產選擇與風險規制〉，《證券法律評論》，頁 390。

[101] 參見劉鵬（2018），〈專利證券化「基礎資產」適格性困境及法律對策〉，《中國海洋大學學報》，第 6 期，頁 107。

的資產性風險，只一味的依靠國企集團內部之資金支持，無疑會把專利權證券化帶入類似國企債務危機的惡性循環。[102]

　　綜上所述，推行專利權證券化首要攻克的難關，似乎就是專利權的價值評估問題。唯有如此，才能使專利權證券化這種新型融資模式在為中小企業拓寬融資渠道的同時，一併激發企業的創新量能。換言之，建立以創新為導向的專利權評估策略可在挖掘企業創新價值的同時，扶持中小民營企業的成長。然作為一種無形資產，專利權評估一直是資產評估領域的難點，該難點會直接影響證券化之融資風險。由於專利權價值評估涉及的領域廣泛，且專業性極強，以至於評估者不僅需要具備技術領域的專業知識，還需具備相關領域的綜合分析能力。[103]是故，構建一種全面綜合的專利權作價評估的標準化流程及其盡職調查細則，才能準確的評估專利權價值，使專利權證券化制度充分發揮其釋放企業創新紅利之功能。

---

[102] 參見賀琪（2019），〈論我國知識產權資產證券化的立法模式與風險防控機制構建〉，《科技與法律》，140 期，頁 49。

[103] 參見廣東省市場監督管理局（知識產權局）發布（04/20/2020），《廣東知識產權證券化藍皮書》，頁 30。，http://www.cnpat.com.cn/Detail/index/id/460/aid/12178.html（最後瀏覽日：04/24/2020）。

第三章　中國大陸專利權證券化之專利權評估策略

3.1 中國大陸的傳統專利權評估方法：「資產評估法」

3.1.1 專利權之「資產評估」準則及其法律規範

　　2006 年 4 月，中國大陸財政部與國家知識產權局聯合發布的「關於加強知識產權資產評估管理工作若干問題的通知」首次提出了應當進行知識產權價值評估的具體情形及其評估機構，並明確了知識產權評估的政府管理部門及其職責。[1]2008 年至 2015 年間，中國資產評估協會先後發布了「資產評估準則——無形資產」、「專利資產評估指導意見」以及「知識產權資產評估指南」等政策性文件，這些規範性文件成為了指導中國大陸專利權價值評估的早期實踐規範。[2]

　　2016 年 7 月，經歷了近十年的實踐後，中國大陸首部資產評估法律——中國大陸「資產評估法」正式發布。[3]為了貫徹該法律的實施以及進一步規範資產

---

[1]　應當進行知識產權價值評估的情形：以知識產權作價出資成立公司、知識產權質押融資等在內的共 9 種情形。「評估工作應當委託經財政部門批准設立的資產評估機構，並由財政部以及國家知識產權局對知識產權資產評估機構的職業質量進行定期監督，並開展知識產權資產評估人員的培訓工作。」詳見中國大陸財政部、國家知識產權局聯合發布（04/19/2006），〈關於加強知識產權資產評估管理工作若干問題的通知（財企〔2006〕109 號）〉，http://www.sipo.gov.cn/gztz/1099636.htm（最後瀏覽日：05/09/2020）。

[2]　參見劉璘琳（2018），《企業知識產權評估方法與實踐》，頁 20，北京：中國經濟出版社。

[3]　2016 年 7 月 2 日，中國大陸第十二屆全國人民代表大會常務委員會第二十一次會議通過中國大陸「資產評估法」，並於 2016 年 12 月 1 日起正式實施，http://www.npc.gov.cn/zgrdw/huiyi/lfzt/zcpgfca/2016-

解構兩岸知識產權證券化：法律實踐及其潛在挑戰

評估行為，中國資產評估協會在中國大陸財政部的指導下於 2017 年對已經發布的「資產評估準則」等規範性文件進行了修訂，並由此形成了新的資產評估體系，其中有關專利權價值的評估標準如表 13 所示。

表 13　中國大陸專利權評估準則及其相關政策性文件（2017 至 2019 年）[4]

序號	法律法規或相關規範性文件
1	資產評估基本準則（財資〔2017〕43 號）[5]
2	資產評估執業準則——利用專家工作及相關報告（中評協〔2017〕35 號）[6]
3	資產評估執業準則——無形資產（中評協〔2017〕37 號）[7]
4	知識產權資產評估指南（中評協〔2017〕44 號）[8]
5	資產評估價值類型指導意見（中評協〔2017〕47 號）[9]
6	專利資產評估指導意見（中評協〔2017〕49 號）[10]
7	資產評估執業準則——資產評估方法（中評協〔2019〕35 號）[11]

07/04/content_1993743.htm（最後瀏覽日：05/10/2020）。

[4] 參見劉璘琳，同前揭註 2。

[5] 中國大陸財政部（08/23/2017），〈關於印發「資產評估基本準則」的通知（財資〔2017〕43 號）〉，http://www.cas.org.cn/pgbz/pgzc/55908.htm（最後瀏覽日：05/10/2020）；參見中國大陸財政部（09/19/2017）就制定和實施《資產評估基本準則》答問，http://www.scio.gov.cn/xwfbh/gbwxwfbh/xwfbh/czb/Document/1564413/1564413.htm（最後瀏覽日：05/10/2020）。

[6] 中國資產評估協會（09/08/2017），〈關於印發「資產評估執業準則——利用專家工作及相關報告」的通知（中評協〔2017〕35 號）〉http://www.cas.org.cn/pgbz/pgzc/55886.htm（最後瀏覽日：05/10/2020）。

[7] 中國資產評估協會（09/08/2017），〈關於印發「資產評估執業準則——無形資產」的通知（中評協〔2017〕37 號）〉，http://www.cas.org.cn/pgbz/pgzc/55884.htm（最後瀏覽日：05/10/2020）。

[8] 中國資產評估協會（09/08/2017），〈關於印發修訂「知識產權資產評估指南」的通知（中評協〔2017〕44 號）〉http://www.cas.org.cn/pgbz/pgzc/55876.htm（最後瀏覽日：05/10/2020）http://www.cas.org.cn/docs/2017-09/20170913095802738529.pdf（最後瀏覽日：05/10/2020）。

[9] 中國資產評估協會（09/08/2017），〈關於印發修訂「資產評估價值類型指導意見」的通知（中評協〔2017〕47 號）〉，http://www.cas.org.cn/pgbz/pgzc/55873.htm（最後瀏覽日：05/10/2020）、http://www.cas.org.cn/docs/2017-09/20170913104150274038.pdf（最後瀏覽日：05/10/2020）。

[10] 中國資產評估協會（09/08/2017），〈關於印發修訂「專利資產評估指導意見」的通知（中評協〔2017〕49 號）〉，http://www.aicpa.org.cn/ahzx/zybz/pgzz/1505433737290741.htm（最後瀏覽日：05/10/2020）。

[11] 中國資產評估協會（/12/04/2019），〈關於印發「資產評估執業準則——資產評估方法」的通知（中

3.1.2「資產評估」的基本方法

　　應用於專利權鑑價的資產評估方法主要為「市場比較法」、「收益現值法」、「成本重置法」這三種基本方法及其衍生方法，這些資產評估方法的優勢在於可以量化專利權的價值，即以數額的方式直觀呈現專利權之價值。[12]然這些方法的使用都具有一定的前提條件，是故評估人員需綜合考慮其評估目的、評估資產類型以及方法的使用條件等多種因素來綜合判斷最適宜的專利權評估方法。[13]

3.1.2.1 市場比較法

　　「市場比較法」是指將評估對象與市場上現有的類似參照物進行比較，以該參照物的市場價格為基礎確定評估對象資產價值的方法。市場比較法又分為「直接比較法」和「間接比較法」。[14]

　　市場比較法的運算原理為：資產的價格由其內部價值所決定，具有相同獲利能力的資產，其市場價格理應同等。在公開、活躍且信息透明的市場上，任何一個理性的投資者所願意支付的物品採購價格並不會高於具有相同效用之替代品的價格。[15]是故，在參照物的各項資料都可以收集到的情況下，運用市場比較法估算資產價值，無疑是最直觀簡便的一種資產評估方法。然實踐操作中，該方法的使用條件也相對較為苛刻，即需要在一個公開、活躍且信息透明的市場中恰好有類似的可比參照物。此外使用該方法對於評估人員的專業能力以及

　　評協〔2019〕35 號）〉，http://www.cas.org.cn/gztz/61795.htm（最後瀏覽日：05/10/2020）；參見中國資產評估協會（12/11/2019）「資產評估執業準則──資產評估方法」起草說明，http://www.cas.org.cn/pgbz/xgwttljxgwx/61812.htm（最後瀏覽日：05/10/2020）。

[12] 中國資產評估協會「資產評估執業準則──資產評估方法」第 2 條，http://www.cas.org.cn/docs/2019-12/20191210143159214967.pdf（最後瀏覽日：05/10/2020）。

[13] 中國資產評估協會「資產評估執業準則──資產評估方法」第 21 至 24 條。

[14] 「『直接比較法』是以同類型資產的市場價格減去其折舊額為該評估對象的價值，『間接比較法』則是以參照物的市場銷售價格為基礎，通過比較評估對象與參照物在功能、效率、質量以及折舊程度等各方面的因素差異，在按照一定的系數調整後得出其估算價值的方法。」參見魏瑋（2015），《知識產權價值評估研究》，頁 34-35，廈門：廈門大學出版社。另參見中國資產評估協會「資產評估執業準則──資產評估方法」第 4 條。

[15] 參見劉璘琳，同前揭註 2，頁 45。

綜合分析能力的要求程度亦較高。[16]

目前，中國大陸的專利技術交易市場並不活躍，該市場的交易體系不健全、信息公開不透明等性質，直接阻礙了市場比較法於專利權價值評估之運用。此外，專利權的特性——新穎性與創造性，會導致一項專利技術即使處在一個活躍的交易市場，也很難找到可以類比的參照物，這恰好與市場比較法的計算原理相悖。是故，在市場交易環境與專利權特性所導致的雙重制約下，市場比較法較少運用於專利權的評估實踐中。[17]

3.1.2.2 收益現值法

「收益現值法」是指以估算評估對象的預期收益確定其價值的評估方法。[18]收益現值法的理論認為，收益與資產的價值高低成正比，即收益越高，則意味著資產的價值越大。是故在資本市場上，一個理性投資者會依據資產的未來預期收益作為其判斷該資產購買價格的標準。[19]

「收益現值法」的具體計算過程可概括為：通過預測企業的未來總體收益，將其中知識產權於未來使用期限內所產生的收益額分離出來，並進行折現的計算過程。[20]使用收益現值法的前提條件，亦即使用收益現值法評估資產的三個重要參數為：（1）可預測的未來收益額；（2）可量化的收益風險（即其折現率）；（3）確定的收益期限。[21]

運用收益現值法評估專利價值的優勢在於，該方法是以知識產權的當前收益能力為基礎，從而進行價值評估操作，因此相較於「成本重置法」或者「市場比較法」而言，使用「收益現值法」評估專利權的當前市場化價值則更為恰當，是故「收益現值法」於實踐中的運用也更為廣泛。[22]然基於專利權無形性的

---

[16] 中國資產評估協會「資產評估執業準則——資產評估方法」第 5 至 8 條。

[17] 參見梁美健、周陽（2015），〈知識產權評估方法探究〉，《電子知識產權》，10 期，頁 73。

[18] 中國資產評估協會「資產評估執業準則——資產評估方法」第 9 條。

[19] 參見劉璘琳，同前揭註 2，頁 47。

[20] 參見魏瑋，同前揭註 14，頁 26。

[21] 中國資產評估協會「資產評估執業準則——資產評估方法」第 10 條。

[22] 參見北京華信眾合資產評估有限公司（11/10/2018）出具的〈中源協和細胞基因工程股份有限公司擬

特徵，專利權必須與有形資產相結合才能為企業帶來經濟效益，因此專利權所創造的單獨收益額，須從與之相結合之有形財產所創造的總收益中進行分離確定。通常，資產評估人員會採取「增量收益法」、「超額收益法」、「節省許可法」以及「收益分成率法」等方法來估計專利權所創造的單獨收益額。[23]其中，「收益分成率法」於實踐中的運用最為廣泛，該方法的計算公式為[24]：

$$收益額=銷售收入×銷售收入分成率×（1-所得稅稅率）$$
$$或$$
$$收益額=銷售利潤×銷售利潤分成率×（1-所得稅稅率）$$

　　從上述公式中可知，利用「收益分成率法」計算收益額的關鍵在於確定「分成率（sharing rate）」，即專利權所帶來的追加收益額於企業總收益中的比重。[25]目前關於「分成率」的確定有幾種比較主流的方法：

　　方法之一：「三分法」或「四分法」。「三分法」的計算原理認為企業所獲得的收益，是其資金、技術以及經營能力三個要素共同作用的結果，因此專利權所單獨創造的收益額應佔企業總收益的三分之一左右，即「分成率」為33%。[26]「四分法」則是在「三分法」的基礎上把企業的收益歸因於資金、勞動、技術以及管理四個面向，因此專利技術所帶來的收益額應佔總收益的四分之一左右，即「分成率」為25%。[27]中國大陸的資產評估師一般會在25%~33%分成率的基礎上進行個案調整。[28]

以無形資產出資項目資產評估報告（華信眾合評報字〔2018〕第 1161 號）〉，頁 17，http://www.vcanbio.com/2019gonggao/2019-002/2019-pgbg.pdf（最後瀏覽日：05/14/2020）。

[23] 中國資產評估協會「資產評估執業準則——資產評估方法」第 9 條。

[24] 參見劉璘琳，同前揭註 2，頁 81；另參見魏瑋，同前揭註 14，頁 27。

[25] 參見于磊、劉宇迪（2014），〈專利資產評估動態分成率問題探討〉，《中國資產評估》，第 6 期，頁 41。

[26] 參見劉璘琳，同前揭註 2，頁 82。

[27] 同前註。

[28] 由於現代企業中的管理人員與技術人員都是以智力勞動為主，若採用「四分法」恐有重複計算的問題。參見北京中同華資產評估有限公司發表〈無形資產提成率的一種估算方法〉，http://www.ztonghua.

　　方法之二：「打分法」，也稱為「技術分成測評表」。即由評估人員依據不同行業的技術特性，來確定影響收益分成率的因素。評估人員會對各項因素進行打分，以此來確定專利權所單獨創造的收益比重。[29]在使用「打分法」確定分成率時，評估者一般會從經濟因素（市場前景）、技術因素（專利資產特性）以及法律因素這幾個方面進行打分項之選擇。[30]因此「打分法」中所考量的專利權評鑑因素相較於「三分法」或「四分法」而言更加全面與專業。相應的，該方法亦更加依賴於評估人員的專業能力及其主觀判斷。[31]

　　方法之三：「行業慣例法」或稱為統計數據法，是由聯合國工業發展組織對世界各地技術貿易合同做了大量的數據統計後得出的一個分成率的行業統計。然不同行業之間分成率的取值範圍有較大差異，評估人員在實際中運用「行業慣例法」來確定分成率時，須結合具體情況進行個案分析。[32]

　　除了收益額的判斷外，在運用「收益現值法」估算專利權價值時，還需確定專利權收益額的折現率及其剩餘使用期限。其中，專利權的剩餘使用期限一般由專利權人或是行業專家進行判斷。[33]折現率的計算一般採風險累加法，其計算公式為：

$$折現率=無風險收益率+風險收益率$$

　　其中，折現率計算公式中的風險收益率，亦須由評估人員依據「專利資產

---

com/ImgContext/92084977-8747-4b14-a1d8-a00991cdf4fe.pdf（最後瀏覽日：05/14/2020）。

[29] 參見苑澤明、李海英、孫浩亮、王紅（2012），〈知識產權質押融資價值評估：收益分成率研究〉，《科學學研究》，30 卷 6 期，頁 356-384。

[30] 中國資產評估協會「專利資產評估指導意見」第 19 至 22 條、第 24 條，http://www.cas.org.cn/docs/2017-09/20170913095153073076.pdf（最後瀏覽日：05/10/2020）。

[31] 參見梁美健、周陽，同前揭註 17，頁 75。

[32] 「行業慣例法」實則為一種經驗法則，中國大陸的資產評估機構在運用該法判斷分成率時，會出現較大的差異性，有的會依據國際慣例取 0.5-10%為分成率基準值，有的則會根據聯合國工業發展組織對發展中國家引進技術價格的分析，結合中國大陸理論工作者和評估人員的經驗判斷，採 25%~33%的分成率基準值（即參考了「三分法」或「四分法」）。參見苑澤明、李海英、孫浩亮、王紅，同前揭註 29，頁 857。

[33] 參見梁美健、周陽，同前揭註 17，頁 73。

評估指導意見」第 30 條，綜合分析「評估基準日的利率、投資回報率，以及專利權實施過程中的技術、經營、市場、資金等各項因素」加以確定。[34]

　　綜上所述，「收益現值法」在中國大陸專利權價值評估的實踐運用最為廣泛，然該方法中三個評估參數的確定仍然會受到較大的主觀因素影響，特別是在評估具有新穎性、創造性等特性的專利技術時，評估人員量化預期收益額及其折現率的難度較大，易受主觀價值判斷以及不可預測風險的影響。[35]除此之外，收益現值法的最大應用局限在於，其只能評估由市場化價值之專利權，而無法對一項新興研發之專利技術做出正確的評估。

3.1.2.3 成本重置法

　　「成本重置法」是指以重建或重置資產的成本價值作為該資產的價值評估標準。運用成本重置法計算專利權價值的具體計算方法為將重建或者重置成本作為確定專利權價值的基礎，再扣除相關市場價值貶值後即可。[36]該方法的計算原理源於，資本市場中的理性的投資者所願意支付的資產購買價格不會超過該資產的當下重新構建成本。若該資產正處於被使用狀態或已經呈現出技術落後性，則該技術的支付價格還需扣除相應損害或貶值。[37]由此可見，「成本重置法」是從重製該資產所需成本的角度來反映資產的交換價值，是故該方法的使用前提為：（1）評估對象能正常使用或者在使用；（2）評估對象能夠通過重置途徑獲得；（3）評估對象的重置成本及其相應貶值能夠合理估算。[38]

　　然專利權作為一種創造性的勞動價值，其投入成本並不能代表其實際價值，是故「成本重置法」較少應用在專利技術的商業化階段，一般只用於處於研發初期的技術成本評估。[39]

---

[34] 中國資產評估協會「專利資產評估指導意見」第 30 條。

[35] 參見張華松（2017），〈知識產權司法鑑定之價值評估〉，《中國司法鑑定》，1 期，頁 19。

[36] 中國資產評估協會「資產評估執業準則——資產評估方法」第 15 條。

[37] 參見譚磊（2019），〈關於技術資產評估方法的選擇研究〉，《中國管理信息化》，22 卷 20 期，頁 19。

[38] 中國資產評估協會「資產評估執業準則——資產評估方法」第 16 條。

[39] 參見韋斯頓·安森（著），李艷（譯）（2008），《知識產權價值評估基礎》，頁 83-84，北京：知識

3.1.3 專利權證券化實踐中「資產評估」方法的運用

本文所述之三款知識產權證券化案例中，「文科租賃一期」案主要運用了「資產評估法」中的收益現值法來確定專利權的融資額度。下文以該案為例，簡述收益現值法在專利評估中的運用。

在「文科租賃一期」案中，原始權益人（文科租賃）以第三方評估機構出具的專利權評估報告為基準，確定專利權之融資額度。文科租賃主要承擔專利權價值複核職能，該複核工作小組為企業內部多名具備法律、評估、會計、行業背景的人員構成。[40]

實踐中，「文科租賃一期」案中的專利權評估均委託於在北京市財政局登記備案的第三方資產評估機構進行。[41]由於該案中的專利均具備獨立獲利能力，其未來收益較為穩定，且可被量化。因此選擇收益現值法進行專利權的收益評估。[42]其中收益現值法的計算參數——收益額的確定，運用了上文所述之「收益分成率」法，在確定「分成率」時，由評估人員選擇技術成熟度、技術實施條件、企業經濟效益、法律保護力度、企業市場佔有率等利潤形成過程中的主要影響因素來進行逐項打分計算。[43]而後，在經過文科租賃的內部複核後，再由計畫管理人以及律師根據國家行業政策、經濟形勢、市場情況、技術發展等因素對評估金額進行最終修訂。[44]

綜上所述，在「文科租賃一期」案中，專利權的評估由資產評估公司、原

產權出版社。

[40] 參見第一創業證券股份有限公司披露之《「第一創業——文科租賃一期資產支持專項計畫」說明書》，頁92 https://www.firstcapital.com.cn/main/ycyw/zcgl/qxcp/zxlcjh/zxcp/ZX0010/cpgk.html#pictureOne（最後瀏覽日：04/27/2020）。

[41] 根據中國大陸資產評估法、資產評估行業財政監督管理辦法（財政部令第86號）以及財政部「關於做好資產評估機構備案管理工作的通知（財資〔2017〕26號）」，「由各省、自治區、直轄市、計畫單列市財政廳（局）負責本地區資產評估機構和分支機構備案工作。」

[42] 參見「第一創業——文科租賃一期資產支持專項計畫」說明書，同前揭註40，頁171。

[43] 同前註，頁174-181。

[44] 同前註，頁175。

始權益人、計畫管理人以及律師四方共同完成的，且以資產評估公司出具之專利權的收益現值評估報告為主要依據。從專利權的遴選結果觀之，本案中進行融資之專利標的物均為上市公司有當前市場化價值之成熟專利權，此遴選結果亦符合文科租賃的內部資產遴選標準以及「集合資本」之市場規律。[45]然這種偏安於「融資導向」的市場化運作，則會將最需要資金投入的中小新創企業排除在外。

3.2 中國大陸專利權評估策略之發展：「指標評估體系」

3.2.1 專利權的「指標評估體系」

　　傳統的資產評估方法主要用於評估專利權的市場價值，而忽略了專利權的未來潛在價值。是故，為了彌補傳統評估方法的不足，並充分適應專利權的特性，中國大陸知識產權局自 2010 年起，委託中國技術交易所研發了一套專利權的「指標評估體系」。該體系從專利權的特性出發，從法律、技術、經濟三個方面來綜合評估一項專利的未來價值。[46]該「指標評估體系」的研發旨在為指導各類評估機構[47]篩選出具有開發潛力之專利，以滿足企業內部專利運營、海外併購以及專利布局決策等不同層次的需求。[48]

---

[45]　「本專項計畫基礎資產的選擇遵循一定的遴選標準，基礎資產的質量符合文科租賃在其一般融資租賃業務過程中的投放標準，不低於文科租賃投放同類資產的平均水平」。同前註，頁 155。有關北京「文科租賃一期」案的專利權遴選結果，詳見第一章 1.2.1 小節。

[46]　參見國家知識產權局（12/23/2014）印發「知識產權分析評議工作指南」第 5 條，http://www.cnipa.gov.cn/ztzl/xyzscqgz/zscqfxpy2/zc/1031800.htm（最後瀏覽日：05/28/2020）。

[47]　國家知識產權局認證的專利權評估機構可分為兩大類，一類是以研究為主的機構，如政府機構、高等院校以及情報研究機構等，另一類是以應用為主的機構，如資產評估公司、專利諮詢服務公司、企業以及律所等。參見國家知識產權局（08/21/2018），〈關於公示「2018 年知識產權分析評議服務示範機構培育名單」的通知（知協函〔2018〕144 號）〉，http://www.cnipa.gov.cn/ztzl/xyzscqgz/zscqfxpy2/1131122.htm（最後瀏覽日：05/28/2020）。

[48]　參見中國技術交易所（編）（2015），《專利價值分析與評估體系規範研究》，頁 1，北京：知識產

　　然該指標評估體系在實際操作上主要依賴於各個領域專家的打分，因此存在主觀傾向影響評估結果的可能性。是故，知識產權局又聯合中國技術交易所共同設計了一套評分標準以及專家評鑑流程。這些標準化的評分程序設置在最大程度上降低了評估人員的主觀因素影響，並確保了專利權指標評估體系的科學性與權威性。[49]實踐中，科研機構以及企業在運用該指標體系時，更多是的借鑒其法律、技術、經濟三個維度的分析策略，至於具體評估個案中的各項細部指標，則會依據專利權技術特性、評估機構偏好以及專家意見等進行微調。[50]

3.2.1.1 專利權「指標評估體系」的頂層設計

　　專利權的「指標評估體系」是以專利價值度（Patent Value Degree，簡稱 PVD）來度量專利權的價值大小。該專利價值度（PVD）又細分為法律、技術、經濟三個維度，分別用法律價值（Legal Value degree，簡稱 LVD）、技術價值（Technical Value Degree，簡稱 TVD）以及經濟價值（Economic Value Degree，簡稱 EVD）表示。關於專利權「指標評估體系」的頂層計算結構設計（圖 8）及其具體計算公式如下文所示。

　　其中，$\alpha+\beta+\gamma=100\%$。$\alpha$、$\beta$、$\gamma$ 分別為某項專利技術在法律、技術、經濟三個面向價值度的權重，該權重的具體取值由各個領域的專家根據實際評價需求加以確定。下文將對「指標評估體系」中的三個面向進行具體闡述。

權出版社。

[49] 參見肖國華、張瑞陽、唐蘅（2014），〈面向專利技術評估的專家維基系統建設研究〉，《情報理論與實踐》，37 卷 2 期，頁 118。

[50] 例如中國科學院文獻情報中心認為現有的專利價值「指標評估體系」存在指標難以量化的問題，因此其在現有體系的基礎上，以可量化計算的專利評估指標設計為原則，構建了一套包含技術價值、市場價值、權利價值三個一級指標及其 15 個可量化計算的二級指標在內的專利價值指標評估系統。參見呂曉蓉（2014），〈專利價值評估指標體系與專利技術質量評價實證研究〉，《科技進步與對策》，31 卷 20 期，頁 114-115。

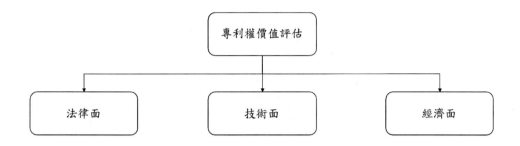

圖 8　中國大陸國家知識產權局開發之專利權「指標評估體系」[51]

$$計算公式：PVD = \alpha \times LVD + \beta \times TVD + \gamma \times EVD^{52}$$

3.2.1.2 專利權的法律評估指標

　　專利權是法律上的權利概念，因此具有強烈的法律屬性。為了衡量專利的法律價值度（LVD），中國大陸的專利權指標評估體系中設置了專利穩定性、專利侵權可判斷性、專利有效性以及專利自由度這四個二級指標及其三級指標來衡量專利權的法律價值度。該法律價值度（LVD）的各項指標及其評分標準如表 14 所示。

3.2.1.3 專利權的技術評估指標

　　專利權是一種法律上的權利概念，因此法律規定在撰寫「專利權利要求（patent claims）」時，要用盡可能精確的言語來來描述一項技術內容，以便達到有效區分權利的目的。[53]是故，對「專利權利要求」中定義的解釋和範圍界定，也成為專利有效性以及侵權訴訟的關鍵，而這份「專利權利要求」不僅為法律文件，同時還是包含技術內容的技術信息載體。專利權的實用價值主要取決「專利權利要求」中所承載的技術內容。因此在專利權評估的指標體系中，引入了專利權之技術價值度（TVD）的概念，並設置了技術的先進性、發展趨勢、適

---

[51] 參見國家知識產權局專利管理司、中國技術交易所（編）（2012），《專利價值分析指標體系操作手冊》，頁 4，北京：知識產權出版社。

[52] 同前註。

[53] 參見王敏銓（2018），〈專利就像一條河流：從流動性資源的畫界看財產的符號結構〉，《臺大法學論叢》，47 卷 1 期，頁 73。

用範圍、不可替代性以及可實施性這五個二級指標及其三級指標來衡量專利的技術價值（表15）。

表 14 中國大陸專利權「指標評估體系」之法律評估指標[54]

一級指標	二級指標	三級指標
法律價制度	專利穩定性	新穎性
		創造性
		撰寫質量
		保護範圍
		訴訟與複審歷史
	專利侵權的可判斷性	技術特徵屬性
		權利要求主題類型
	專利有效性	專利類型
		專利壽命
	專利自由度	同族專利
		權利歸屬
		轉讓許可
		不可規避性
		依賴性

---

[54] 參見中國技術交易所，同前揭註 48，頁 11-30。

表 15　中國大陸專利權「指標評估體系」之技術評估指標[55]

一級指標	二級指標	三級指標
技術價值度	技術先進性	技術問題重要性
		技術原創性
		技術效果
		專利被引用
	技術領域發展趨勢	技術生命週期
		專利增量分布
	技術應用範圍	技術問題適用範圍
		說明書實施例數量
		專利分類號
	不可替代性	替代技術
		專利引用
	可實施性	成熟度
		配套條件
		技術獨立實施度
		產業化所需時間

3.2.1.4 專利權的經濟評估指標

　　除了審視專利的法律、技術價值外，評估一項專利的潛在價值，還須審視其經濟價值，即從專利產品的市場應用情況、競爭情況、獲利能力等經濟參數來審視專利的經濟價值度（表 16）。

---

[55]　參見中國技術交易所，同前揭註 48，頁 33-56。

表 16　中國大陸專利權「指標評估體系」之經濟評估指標[56]

一級指標	二級指標	三級指標
經濟價值度	市場應用情況	市場需求
		市場規模
		市場佔有率
		市場利潤
		競爭優勢
	政策適應性	政策導向
		政策發布方
		行業審批
	獲益能力	專利經濟壽命
		專利收益
		社會效益
	與標準專利的相關度	是否為標準專利
		標準類型
		與標準專利的關係

3.2.2 結合大數據分析的專利權「指標評估體系」

　　由中國大陸國家知識產權開發的專利權指標評估體系改善了傳統資產評估方法的不足，從法律、技術、經濟三個面向綜合評估一項專利權的價值。然該方法存在指標數據可獲得性差、指標計算複雜等問題。同時該方法的運用須依賴各領域專家的評分，故而勢必受到主觀因素的影響。隨著計算機技術的發展，結合大數據分析的線上專利權評估工具逐步應用於實踐。這些工具的自動化分析能力可作為專利權指標評估體系的客觀準確度參考。

　　自 2010 年起，中國大陸的知識產權局開啟了專利權審查的全面電子化模式。該電子化操作須對專利權的法律、技術、經濟等多面向數據進行標準化處

---

[56] 同前註，頁 59-89。

理，這為運用計算機分析專利權的價值提供了數據庫資源。[57]

目前的中國大陸線上專利權評估系統主要分為以下兩類：

（一）知識產權局系統研發的線上專利權評估工具。這些工具的共同特徵為沿用由知識產權局所研發的專利權「指標評估體系」，從法律、技術、經濟三個維度，依靠中國大陸的專利信息數據庫對專利權進行打分評估。例如由中國大陸專利信息中心[58]開發的「專利價值服務平台（patent rank）」[59]等。

（二）民營企業開發並運營的線上專利權評估工具。這些評估工具多側重於分析專利權的技術價值或其市場價值，其數據來源一般為全球專利數據庫。例如「合享價值（IncoPat）」專利權評估系統、[60]「智慧芽（PatSnap）」[61]專利權評估系統等。

隨著大數據分析技術的成熟，這些線上專利權評估系統於實踐中的應用也逐漸廣泛。然基於其大數據分析以及機器學習演算法的特性，這些評估工具仍需不斷擴大其數據學習樣本，並完善其仿真模擬算法，才能有效的應對實踐中

---

[57] 參見李程（2016），〈基於大數據分析的專利價值評估體系構建研究〉，《中國新技術新產品》，10卷，頁4。

[58] 中國專利信息中心隸屬於國家知識產權局，擁有國家知識產權局賦予的專利數據庫管理權、使用權。參見中國專利信息中心網站，http://www.cnpat.com.cn/（最後瀏覽日：05/14/2020）。

[59] 「專利價值服務平台（patent rank）」的評價內容包括專利法律、技術以及經濟三個維度下的20多項二級指標以及30多項三級指標，具體為「獨立權利數量、從屬權利數量、同族專利數量、剩餘壽命、IPC數量、專利類型、申請人數量、發明人數量、無效次數、質押次數、被引次數、復審次數、許可次數、轉讓次數。」該系統利用大數據進行分析計算，得出反映被評價專利價值水平高低的量化評分結果。詳見專利價值服務平台PATENT RANK官網，http://patentrank.cnpat.com.cn/view/sample.htm（最後瀏覽日：05/17/2020）。

[60] 「合享價值（IncoPat）」評估體系是由北京合享智慧科技有限公司研發的專利價值評估體系。該體系從技術穩定性、先進性以及保護範圍3個維度，選取20多項指標對專利的技術性進行指標評估。參見合享價值（IncoPat）評估官網，https://www.incopat.com/（最後瀏覽日：05/17/2020）。

[61] 「智慧芽（PatSnap）」是由蘇州工業園區百納譜信息科技有限公司研發的一款全球專利數據庫的內嵌專利價值評估系統，其評價原理是基於客觀指標參數結合歷史交易數據，通過大數據回歸分析預測得出模型並進行專利價值評估。參見智慧芽（PatSnap）網站，https://www.zhihuiya.com/（最後瀏覽日：05/17/2020）。

更為複雜的專利權評估問題。[62]

3.2.3 專利權證券化實踐中「指標評估體系」的運用

本文所分析的三款知識產權證券化案例中，只有「開發區專利許可」案運用了「指標評估體系」來輔助評估專利權價值。

為了符合證券化的操作要求，該案中的原始權益人（凱得租賃）與企業（專利所有權人）共簽署了兩次專利許可契約，從而構建了能產生未來現金流的專利許可債權。這種基礎資產的構建模式也被稱為「專利二次許可」模式。[63]由此可見，該專利許可契約的形成及其定價並非源自於市場機制的孕育，而是原始權益人為了進行專利權的證券化操作所專門構建。其構建目的在於創造出一個能穩定產生未來現金流的專利許可債權，以便「輕資產、缺擔保」中小科創企業（專利權人）能以企業的專利權為底層資產進行證券化融資。是故，此融資項目中的專利許可契約之合理定價即成為本案的關鍵。實踐中本案的原始權益人以及計劃管理人亦設計了一套複雜的專利權評估流程來確定這些專利許可合約之定價。該評估過程可分為以下兩個步驟：

步驟一：專利權的入池篩選。該篩選由資產評估公司（北京中金浩資產評估有限責任公司）、金融機構（計畫管理人、原始權益人）共同參與。其中這一階段又可細分為金融機構內部「粗篩」與第三方資產評估公司的外部「細篩」兩個層次。[64]「粗篩」為金融機構從專利所在行業的分散度及其與企業經營關係的緊密度兩個方面參與入池資產的篩選；[65]「細篩」為資產評估師從專利的經

---

[62] 參見鮑新中、徐鯤（2018），〈專利價值評估：方法、障礙與政策支持〉，《知識產權戰略》，14 卷 7 期，頁 673。

[63] 關於「專利二次許可」模式詳見第二章 2.2.2 小節。

[64] 「廣州國際金融研究院金融學院副院長鄧宏圖認為，……，通過資格甄別、內部評估、第三方評估、市場評估、監管體系等多級過濾的方式，實現了產品預期風險的遞減。」參見廣州開發區管委會（10/31/2019），〈我區專利資產證券化破解科技企業融資難〉，http://www.hp.gov.cn/xwzx/zwyw/content/post_3622514.html（最後瀏覽日：05/15/2020）；

[65] 「『首先，……，這次入池的客戶有 11 家，具有一定的分散程度，滿足了我們在資產證券化的基本業務要求。在專利的選擇上，盡量選擇和企業目前的生產經營和增值、利潤來源密切相關的專利資

濟、法律兩個面向，綜合考量專利權的潛在價值及其市場化現值。[66]

　　步驟二：專利權的許可授權金估價。該專利許可金額由資產評估公司採用收益現值法進行評估。但本案與「文科租賃一期」案之不同之處在於，本案在運用傳統「資產評估法」的同時，亦借用了一款線上專利權評估系統進行輔助評估。該款線上評估系統借鑒了知識產權局開發的專利權「指標評估體系」理念，從技術、法律、市場、時效、風險、財務六個面向，結合專利權與產品的關聯度、專利權所處生命週期、專利所屬行業等因素對該專利權的許可收益權進行了輔助計算。[67]由此可見，本案中的專利權融資額度的確定並非全然取決於專利的市場化現值，而是在綜合考量了專利權的未來發展潛力。

　　綜上所述，「開發區專利許可」案中的專利權評估由資產評估公司以及金融機構主導，分為入池篩選以及許可費定價兩個步驟，即為定性與定量兩個面向。該案與「文科租賃一期」案最大的區別在於採用了傳統的「資產評估法」與「指標評估體系」相結合的專利權評估方法。換言之，本案在確定一項專利權的融資額度時，不僅考量了專利權的市場化價值，亦綜合分析了該專利權的未來發展潛力。這個推論亦可從本案的融資對象包含兩家非上市中小新創企業——華銀醫檢以及吉歐電子這一結構得到印證。[68]

　　產，才能保證企業後期的許可使用方式的長期運行。』興業證券股份有限公司結構融資業務總部項目負責人葛驛向記者介紹了入池企業遴選標準。」參見國家知識產權局（09/11/2019），〈廣州開發區：探索知識產權證券化〉，http://www.cnipa.gov.cn/mtsd/1142138.htm（最後瀏覽日：07/30/2020）。

[66] 「『在參與入池資產篩選的時候，評估師除了從專利價值評估的角度考慮，還會延伸考慮證券化交易中可能涉及知識產權所有權定價、許可使用權定價、許可使用費率定價以及合理市場交易價值、強制快速變現價值等定價因素，從權利穩定性的角度，還需要考慮可能存在的無效、訴訟以及同行業競爭等風險。』北京中金浩資產評估有限責任公司高級合伙人劉凱達告訴記者。」同前註。

[67] 參見唐飛泉、謝育能（2020），〈專利資產證券化的挑戰與啟示——以廣州開發區實踐為例〉，《金融實務》，93 卷，頁 116；另參見廣州市地方金融監督管理局（09/18/2019），〈廣州在深圳證券交易所成功發行全國首單純專利許可資產支持專項計畫〉，http://jrjgj.gz.gov.cn/zxgz/zbsc/content/post_2790818.html（最後瀏覽日：05/15/2020）。

[68] 關於廣州「開發區專利許可」案的基礎資產遴選結果詳見第二章 2.2.2 小節。

3.3 中國大陸專利權證券化中的專利權評估問題

3.3.1 中國大陸現行專利權評估方法之比較

　　中國大陸的專利權評估大多借鑒「資產評估」的一般方法，常見的為「市場比較法」、「收益現值法」以及「成本重置法」。然這些傳統的市場評估方法均無法評估出專利權的未來價值。為了突破這些局限，中國大陸的知識產權局開發了一套全面、系統的專利權「指標評估體系」。該體系運用專家打分機制，從法律、技術以及經濟三個維度綜合判斷一項專利或者組合專利的價值。近年來，隨著中國大陸知識產權局的全面電子化專利審核模式的開展，運用大數據分析的專利權線上評估系統更是層出不窮。這些線上評估系統多沿用專利權的「指標評估體系」為其評估分析的基礎。

　　然這些應用於中國大陸的各種專利權評估方法皆有其優劣及實施難點（表17）。在專利評估實踐中運用最多的為「資產評估」方法中的收益現值法，該方法的優勢在於能夠反映出專利的真實市場價格，但其最大劣勢為無法應用於未投產入市的專利，即無法評估一項專利權的未來價值。而能較為綜合反映專利權潛在價值的「指標評估體系」，其最大的實施難點在於評估機構的專業能力與公信力。

表 17　中國大陸主要的專利權評估方法之比較[69]

分類	具體方法	方法優勢	方法劣勢	實施難點
資產評估法	市場比較法	反映專利權的當前市場價值，評估結果最直觀	市場比較法的原理與專利權新隱性、創造性特點略顯悖論	目前中國大陸的專利權公開交易市場並不活躍，可類比交易案例少
	收益現值法	是評估資產收益「現值」的合理方法，能夠反映專利權的當前市場價值	不適宜評估未投產入市之專利產品，亦無法評估專利權的未來潛在市場價值	計算公式中的變量多，評估人員主觀因素影響較大
	成本重置法	重置成本數據相對較易取得	評估專利權的重置成本價值，而非其未來市場價值	一般只適用於評估專利權的研發初期成本
指標評估體系	國家知識產權局的專利權「指標評估體系」	從法律、技術、經濟三個維度定性評價專利權的未來潛在價值	非量化評估結果，多作為企業內部專利權運用的參考	須協調各領域專家，且指標之間的整體性與相互關聯性研究仍需完善
	專利權的線上評估系統	數據樣本越多，分析結果越準確	需要大量數據，算法仍須完善	需要大量的專利技術、法律以及市場交易的數據，一般只作為專利權評估的輔助參考工具

[69] 參見吳運發、張青、趙燕、龍湘雲（2019），〈專利價值影響因素及企業專利價值分級評估管理的探討〉，《中國發明與專利》，16 卷 3 期，頁 27-30；另參見謝智敏、范曉波、郭倩玲（2018），〈專利價值評估工具的有效性比較研究〉，《現代情報》，38 卷 4 期，頁 125-128；另參見肖國華、張瑞陽、唐蕎，同前揭註 49。

3.3.2 中國大陸專利權證券化實踐中專利評估策略之分歧

　　綜觀本文詳述的三款中國大陸專利權證券化相關案例，這些案例中的專利權評估策略呈現出較大的個案差異性（表18）。

　　在深圳「高新投1號」案中，金融機構的資產評估策略仍然遵循傳統的信貸審查邏輯——以企業的整體償債能力為主要審查事項，而無針對專利權價值的評估。換言之，此案的資產評估邏輯完全遵循資本市場之「集合基本」內在價值取向，即在擴大融資的同時亦維護交易安全。在北京「文科租賃一期」案中，金融機構開始重視專利權的商業價值，然本質上仍然遵從以融資為導向的市場邏輯。因此在專利權評估方面，本案的金融機構亦主要運用收益現值法來評估專利權的當前商業化價值，而非其未來潛在價值。是故，在資本市場的集合資本規則主導下，金融機構在融資標的物的選擇上更青睞於上市公司的成熟專利權，而將最需要資金扶持之中小新創公司排除在外。然與上述兩款個案不同的是，廣州「開發區專利許可」案卻將几家非上市的中小新創公司納入到融資範圍內，且在專利權評估策略上運用了專利權「指標評估體系」，從而使金融機構得以從法律、經濟等多個面向綜合評估專利權的未來市場價值。

表18　中國大陸專利權證券化實踐中的專利評估策略分歧[70]

	「文科租賃一期」案	「開發區專利許可」案	「高新投1號」案
專利權人	中小上市公司	中小上市公司、新創公司	小微科創企業
評估標準	融資導向	創新導向	融資導向
專利權評估內容	評估專利權的當前市場化價值	評估專利權的當前以及未來商業化價值	無
評估方法	收益現值法	專利權的「指標評估體系」+收益現值法	以企業整體信用評估為主
評估機構	金融機構、資產評估公司為主	金融機構、資產評估公司為主	金融機構為主

---

[70] 作者製表。詳見第三章3.1.3、3.2.3小節。

　　上述個案中的專利權評估策略之差異，可歸因於資產證券化實踐中對以下三個不同層次問題的分歧：

　　第一個層次的分歧為：是否需要針對專利權進行專門的評估？在「高新投知識產權 1 號」案中，金融機構（計畫管理人、原始權益人）認為由於每筆貸款金額較小（低於 1500 萬元人民幣），且在交易結構上設置了基礎資產擔保人以及證券的差額支付人的「雙重」保證制度，故而在強力的保證下，只需著重於審查借款人（企業）的整體資信能力即可。[71]這種看法基本上沿襲了以往處理定價明確且變現容易的有形資產證券化融資業務的觀點。但該觀點一旦套用到專利權的證券化融資中，就會產生極大的風險。專利權評估過程的缺失，將會造成借款人的專利權未足值抵押問題，對於投資者來說其也將面臨專利權價值不確定性大以及以及質押物（專利權）變現困難的風險。[72]在由「軟預算約束」導致的國企債務問題背景下，如若不從專利權評估這一環節即把風險，則勢必對證券化過程造成負面影響。[73]是故，本文所討論的其他個案中均未採取相同的做法。另外兩個專利權證券化的融資案例均以一定方法對專利權進行了價值評估，區別僅為評估方法的差異性。

　　第二個層次的分歧為採用何種方法來評估專利權的價值？對於這個問題，「文科租賃一期」案以及「開發區專利許可」案都採取了「資產評估」方法中的收益現值法來評估專利權的市場價值。然隨著互聯網技術的發展，從法律、經濟、技術等多個維度評估或者預測某個專利權的價值已經成為可能，專利權「指標評估體系」出現以及大數據分析方法的運用，可彌補傳統「資產評估」方法的不足。[74]是故，「開發區專利許可」案即在運用收益現值法的基礎上，參考了一款專利權的線上評估系統來輔助計算專利權的合理授權金。該線上評估系統主要沿用了知識產權局開發的專利權「指標評估體系」的各項指標來進行

---

[71] 詳見第二章 2.2.3、2.2.3 小節。

[72] 詳見第二章 2.2.3 小節。

[73] 詳見第一章 1.3.1 小節以及第二章 2.3.1、2.3.2 小節。

[74] 詳見第三章 3.3.1 小節。

專利權價值的大數據分析，這舉亦為技術革新的必然趨勢。

第三個層次的分歧為以何種標準來評估專利權？亦即在中國大陸知識產權證券化實踐中，專利權評估應該以評估其當前市場化價值為標準，還是應以評估專利的未來開發潛力為標準？該評估標準的確立與政策推廣專利權證券化的目的密切相關，亦決定著專利權證券化的未來走向。若是以單純的企業債務紓困或者融通資金為目的，則評估時會傾向於選擇具有當前市場化能力、可量化收益的專利權，例如「文科租賃一期」案；若是以挖掘有未來價值之專利權，或以孵育有研發潛力的中小企業為目的，則評估時可能會傾向於選擇有未來開發潛力之專利權，例如「開發區專利許可」案。然以創新價值挖掘為導向的專利權評估，無疑會增加金融機構以及資產評估公司的評估難度。

綜上所述，中國大陸專利權證券化實踐中最大的挑戰在於以何種標準，搭配何種方法來評估專利權的價值。這些專利權評估標準以及方法的選擇背後隱含的是專利權證券化的未來走向——「融資導向」抑或是「創新導向」。換言之，中國大陸發展專利權證券化的最終目的是為了紓困債務，擴大融資？還是為了能藉助證券化的融資制度來孵育中小新創企業，挖掘專利的未來價值？

第四章　台灣工研院無形資產融資模式：融資模式與評估策略之比較

4.1 台灣工研院簡介

4.1.1 台灣工研院的歷史沿革

　　台灣工業技術研究院（以下簡稱「台灣工研院」或「工研院」）成立於 1973 年，是依據台灣的「工業技術研究院設置條例」而成立的「財團法人」，[1] 得益於其「財團法人」的定位，工研院在高科技人才的選用、實驗室物資採購以及人員薪資等方面擁有較大的自主決定權。[2]

　　目前，台灣工研院共有涵蓋光電、資訊通訊、機械、材料化工、生物醫學、綠能等六大領域在內的研發單位共計 15 個，服務單位共計 9 個，其中研發及管理人員 6164 名，其中博士 1424 名，碩士 3646 名。[3] 自成立以來，其獲證專利數已累計超過 2 萬 8 千件，並育成超過 280 家新創公司。[4] 故而工研院也被稱為台灣的「科技之腦」[5]，始於上世紀 70 年代的台灣經濟騰飛及其產業轉型，均

---

[1]　台灣「工業技術研究院設置條例」第 1、2 條。

[2]　台灣「財團法人法」第 2 條。

[3]　有關台灣工研院的具體組織結構參見台灣工研院（2019），《工業技術研究院 2018 年報》，頁 50-53，新竹：工業技術研究院，https://www.itri.org.tw/ListStyle.aspx?DisplayStyle=18&SiteID=1&MmmID=1036461236174225047（最後瀏覽日：06/05/2020）。

[4]　參見台灣工業技術研究院簡介，https://www.itri.org.tw/ListStyle.aspx?DisplayStyle=18&SiteID=1&MmID=1036461246000713111（最後瀏覽日：06/05/2020）。

[5]　參見史欽泰（2003），《產業科技與工研院：看得見的腦》，頁 1，台灣：財團法人工業技術研究院。

離不開工研院的背後助力。隨著台灣科技產業的升級與發展，台灣工研院的歷史沿革可歸納為以下三個階段：

（一）第一階段：1973-1984 年

在此階段，工研院接受台灣當局的資金支持並完成其所制定的戰略目標，受托在台建立半導體產業。[6]工研院著重於從美國引進積體電路（integrated circuit，IC）生產技術，並與美國無線電公司（Radio Corporation of America，簡稱 RCA）簽訂了包括電路設計、晶圓製作等技術轉移項目在內的「積體電路技術授權合約」，從而不僅育成台灣積體電路製造公司（簡稱「台積電」）等國際知名的高科技公司，還為台灣成為亞洲 IC 產業的領導者奠定了基礎。[7]

（二）第二階段：1985-1994 年

以創新平台建設為核心的投資導向階段。在此發展階段，工研院著重於提升台灣本土科技產業的應用與創新能力，因此其配合政策發展包括資通訊、光電等在內的十大新興產業，建立起了包括光電、軟件、材料、生物技術等八大關鍵技術在內的多元化技術產業渠道。[8]同樣在此階段，工研院發展出技術合同服務（contract services）、技術服務（technical services）、技術轉移（technology transfers）技術衍生之創新公司（spin-offs）以及建立行業聯盟（industry alliances）等多種研發運營推廣模式來實現其建設台灣產業集群的戰略目標。[9]得益於台灣工研院的財團法人性質，使得高科技人才從工研院向產業界的流動更為便利，也使工研院成為台灣創新人才的搖籃。[10]

（三）第三階段：1995 年至今

---

[6] *See* Jian-Hung Chen & Yijen Chen, *The Evolution of Public Industry R&D Institute-the Case of ITRI*. R&D MANAGEMENT, 49, 53-54 (2014).

[7] 參見吳希金（2014），〈公立產業技術研究院與新興工業化經濟體技術能力躍邊——來自台灣工業技術研究院的經驗〉，《清華大學學報（哲學社會科學版）》，29 卷 3 期，頁 141。

[8] 參見吳金希，李憲振（2013），〈韓國科學技術研究院與台灣工業技術研究院推動產業創新機制的比較研究〉，《中國科技論壇》，10 期，頁 135。

[9] *See* Jian-Hung Chen & Yijen Chen, *supra* note 6, at 55-56.

[10] *Id.*

引領台灣產業發展的創新導向階段。此時，台灣已經成功實現經濟轉型，並發展出以電子資訊為主的高科技產業結構。然為了應對國際競爭，工研院遂以建成「世界級頂尖」產業技術研發機構為目標，致力於成為台灣科技創新的引領者與孵化者。[11]2000 年左右，工研院先後成立了技術移轉與法律中心（簡稱「技轉中心」）與產業經濟與趨勢研究中心[12]（簡稱「產經中心」，IEK），前者是技術轉化的「橋樑」，以整合各研究院所的關鍵研發成果，並將其轉化為企業的實際應用為主要職能[13]；後者則是類似工研院的智庫，其集結了幾百位專精於各項科技產業關鍵領域的產業分析師和專家顧問，為產學研提供具有前瞻性的技術分析與專利布局指導。[14]

2006 年，工研院進行了一次大規模的組織結構重整，隨後將發展重心放在技術研發、技術服務以及加強技術衍生價值等三項核心業務上，轉型為引導產業的研發機構。[15]現今工研院已成為台灣創新體系的關鍵核心，其在實現自身研發實力大幅提升的同時，亦起到了整合台灣創新資源，引領創新產業發展的作用。

4.1.2 台灣工研院的主要專利運營模式

進入 21 世紀以來，工研院已經成為了台灣科技發展的「領頭羊」，其不僅

---

[11] *Id.*

[12] 台灣「工研院產業經濟與趨勢研究中心」後改制為「工研院產業科技國際策略發展所」，後者承接了前者市場分析與產業智庫服務的功能，亦整合了原工研院國際中心的海外產學研機構，意圖成為促進台灣技術產業國際競爭力的推手。參見台灣經濟日報（08/11/2019），〈工研院產業科技國際策略發展所〉，https://ieknet.iek.org.tw/ieknews/news_more.aspx?actiontype=ieknews&indu_idno=9&nsl_id=4f743681f88d4c128507e1330264dca3（最後瀏覽日：06/11/2020）。

[13] 參見台灣工業技術研究院「技轉中心」簡介，https://pcm.tipo.gov.tw/PCM2010/PCM/commercial/04/ITRI.aspx?aType=4&Articletype=1（最後瀏覽日：06/08/2020）。

[14] 參見台灣工業技術研究院產業經濟與趨勢研究中心（IEK）簡介，https://hk.iek.org.tw/services/data/IEKNET-FY105-HK.pdf（最後瀏覽日：06/08/2020）。

[15] 參見高慧君（2008），《台灣工研院三個價值導向管理的創新》，頁 16-18，國立交通大學科技管理研究所博士論文。

自身研發成果顯著，還充當了台灣創新產業的「孵化者」。工研院內部的智慧財產分析團隊不僅為台灣的創新團隊提供專門的專利布局指導，更是在此基礎之上開發出了多元化的專利運營模式。隨著科技產業的快速變遷以及法律規範的演變，諸如「專利暨研發聯盟」、「專利工廠」、「技術轉移」、「專利組合」等多樣化的專利運營推廣模式，成為了引領台灣科技產業化的重要推手。

（一）「專利暨研發聯盟」是指就特定研發主題成立一個專利權研發及其使用的會員制度，由工研院組織並邀請相關領域的學界、產業界加入。凡是加入該聯盟的成員，可通過繳納會費的方式取得該領域內基礎專利（background IP）的非專屬授權性使用權利。該運營模式的推廣主要依賴於工研院於其在光電等六大科技領域的研發主導地位。學界或者企業若對領域內的特定主題有合作開發之意，可與聯盟內部的其他會員進行聯合技術開發，並就研發出的前景專利（foreground IP）享有非專屬授權或共有的權利，後續若是有會員有專屬授權或讓與的需求，則須藉由公開投標的方式取得。[16]

（二）「專利工廠」合作模式是指由工研院擔任專利的「生產」工廠，由其於研發初期先幫助該企業規劃專利的申請與布局，並在企業的委託下開發該專利，後續再通過授權或讓與的形式使企業擁有該專利的使用權或所有權。[17]

（三）「技術轉移」合作模式是指由工研院與大學院校、研究所等合作進行的實驗室研發成果之商業化移轉過程。得益於工研院的多年技術產業化經驗，工研院內的多領域專家可為學界的研發初級成果進行商業導向的輔導（涵蓋研發能量的分析、產業需求的調研、產學技術轉移的媒合等面向）。工研院亦可藉此整合台灣相關技術領域的研發成果，並加快該領域的產業化進程。[18]

（四）「專利組合」的運用旨在於擴充企業的專利權數量，以便應對專利訴訟的攻防。隨著現代專利法的發展，專利訴訟逐漸成為一種商業競爭手段，

---

[16] 李怡秋、陳秋齡（2017），〈智權推廣模式與實務——以工研院經驗為例〉，《智慧財產權月刊》，224 卷，頁 27-28。

[17] 同前註，頁 28-29。

[18] 同前註，頁 30。

故而為了提高市場競爭力，企業需要構建盡可能完整的專利權「保護傘」，即圍繞某個核心專利進行有目的的專利申請，以便實現專利權價值的最大化。工研院一般會運用技術市場調差、專利潛力評估、多元組合設計以及商業價值分析等方法輔助企業進行相關技術領域的專利組合布局。[19]

4.2 台灣工研院主導的無形資產融資模式

作為台灣科創產業的「大腦」與「孵化中心」，工研院建構了一套獨立的專利風險評估系統，用以降低技術產業化過程中的研發風險。該評估體系的建立，不僅有效推動了工研院的專業布局規劃與運營，還為其成為台灣無形資產融資的推動者提供了重要契機。

4.2.1 法規引導與相關推動性政策

2017 年 11 月，台灣的「產業創新條例」修正案正式通過，此次修正的目的之一即為促進知識經濟的發展，意圖以推動知識產權融資來帶動產業創新。[20]

該條例第 12 條第 1 項規定：「為促進創新或研究發展成果之流通及運用，……，應要求執行單位規劃創新或研究發展成果營運策略、落實智慧財產布局分析、確保智慧財產品質與完備該成果之保護及評估流通運用作法。」為了落實創新成果的運營策略，該條例第 12 條第 2 項規定：「前項智慧財產於流通運用時，應由依法具有無形資產評價資格或依第十三條登錄之機構或人員進行評價……。」

為了達成上述條款等之目的，貫徹響應與促成推動創新成果市場化的立法目的，「產業創新條例」第 13 條大幅修訂了有關無形資產評估的相關規定，旨在透過制定具有公信力的無形資產評價制度來推動技術成果的市場化流通。修

---

[19] 同前註，頁 31。

[20] 台灣「產業創新條例」第 1 條。

正後的第 13 條規定「為協助呈現產業創新之無形資產價值，……相關機關辦理下列事項：一、訂定及落實評價基準。二、建立及管理評價資料庫。三、培訓評價人員、建立評價人員與機構之登錄及管理機制。四、推動無形資產投融資、證券化交易、保險、完工保證及其他事項。」由此可見，第 13 條的修正為台灣推動無形資產融資及其資產評估之標準化作業提供了法規依據。[21]

4.2.2 無形資產暨專利融資模式解構

2018 年，為配合「產業創新條例」的修訂，台灣開始推行無形資產融資的試點工作，其中有關專利權的價值評估作業則由台灣當局委託工研院進行，因此工研院履行專利權的評估職能在此處具有行政委託之色彩。[22]該專利融資模式的主要參與者為台灣中小企業、工研院、台灣中小企業信用保證金協會以及銀行（表 19）。

表 19　台灣無形資產融資模式的主要參與者[23]

序號	交易結構中角色	參與者
1	專利權人/借款人	「輕資產、缺擔保」中小科創企業
2	主要專利評估機構	台灣工業技術研究院
3	保證人	台灣中小企業信用保證金協會
4	貸款人	銀行

具體到操作流程上，上述專利權融資模式的具體流程可概括為推薦、擔保以及貸款三大步驟（圖 9）。

---

[21] 蘇瓜藤（2018），〈台灣無形資產評價制度（上）〉，《月旦會計實務研究》，9 期，頁 14。

[22] 王鵬瑜、劉智遠、張展誌、芮嘉瑋、翁國曜、林家亨、楊麗慧（2020），〈新興科技之專利實務——布局、審查及評價〉，《慶祝智慧局 20 週年特刊》，頁 43，https://www.tipo.gov.tw/tw/np-19-1.html（最後瀏覽日：04/30/2020）。

[23] 作者製表。

第一步：工研院的專利評估及推薦。

凡是擁有特定產業（智慧機械、綠能科技、生醫產業、新農業、循環經濟）的技術和專利的中小科創企業，即可透過工研院的專利評價機制，向銀行申請專利融資貸款。即先由工研院對企業的專利技術進行定性評估，後續再搭配無形資產評估機構出具的評估報告，由工研院推薦該企業向特定銀行申請專利貸款；若是針對尚未擁有專利技術的企業，工研院亦可先輔助該企業取得專利技術後，再進行銀行融資。[24]

第二步：台灣中小企業信用保證金協會（簡稱「信保基金」）的擔保。

為了讓擁有優質專利的中小企業能順利獲得融資，信保基金於 2018 年 10 月推出「無形資產保證專案」，為「輕資產」的科創企業提供專利貸款的融資擔保，以期分擔銀行承保無形資產的風險。在該專案下，中小企業只需向信保基金提供符合要求的專利技術評價報告、運營計畫書等文件，即可由信保基金先行對企業營運、財務、經營團隊、無形資產、產業前景等進行盡職調查，並在審查通過後提供保證書。[25]中小企業可憑藉此保證書向銀行申請無形資產融資貸款。

第三步：銀行的貸款核准。

為配合「產業創新條例」中第 12、13 條的修訂，台灣開始啟動無形資產融資實踐。目前，2019 年的台灣無形資產融資項目暫先由臺灣中小企業銀行（簡稱「台企銀」）共同參與。台企銀共計畫框列總計匡列 20 億元（新台幣）來建設參與台灣無形資產融資項目。[26]2019 年 5 月，台企銀率先制定「無形資產附

---

[24] 參見台灣工業技術研究院，〈無形資產評價〉服務介紹，https://www.itri.org.tw/ListStyle.aspx?DisplayStyle=20&SiteID=1&MmmID=1036677772233472511（最後瀏覽日：06/20/2020）。

[25] 台灣智財局，〈台灣無形資產評價及融資介紹〉，https://pcm.tipo.gov.tw/PCM2010/PCM/commercial/show/article_detail.aspx?aType=1&Articletype=1&aSn=641（最後瀏覽日：05/30/2020）。

[26] 台灣信保基金在無形資產融資中項目的具體授信辦法，參見中央通訊社（08/27/2019），〈台企銀助攻 3 新創靠 IP 獲無形資產融資〉https://tw.news.yahoo.com/%E5%8F%B0%E4%BC%81%E9%8A%80%E5%8A%A9%E6%94%BB-3%E6%96%B0%E5%89%B5%E9%9D%A0ip%E7%8D%B2%E7%84%A1%E5%BD%A2%E8%B3%87%E7%94%A2%E8%9E%8D%E8%B3%87-042045051.html（最後瀏覽日：07/26/2020）。

收益型夾層融資貸款辦法」，規定兩類貸款對象：「一為購買工研院產出之專利並進行技術移轉，經工研院就該專利出具評價報告之廠商；二為所持有之專利依法登錄無形資產評價機構或評價人員出具評價報告，並由工研院評估推薦之廠商。」前述兩類貸款者在獲得信保基金的擔保後，可向台企銀申請最高為新台幣 3000 萬元新台幣的貸款額度，還款期限最高為 7 年。[27]

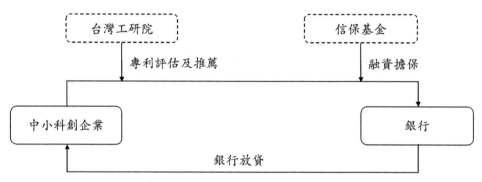

圖9　台灣工研院專利權融資貸款模式主要流程[28]

　　綜上所述，台灣的專利融資主要針對具有創新潛力但擔保品不足的中小企業，由工研院、信保基金以及銀行三方合作完成。亦即，科創型中小企業必須先取得工研院的評估推薦以及信保基金的申貸保證後，才能向台企銀申請專利貸款。由此可見，獲得工研院的推薦是中小企業取得專利貸款資格的關鍵，而該推薦的獲得取決於工研院對專利價值的評估結果。

---

[27] 臺企銀在無形資產融資項目中的具體授信辦法，參見臺灣中小企業銀行，〈無形資產附收益型夾層融資貸款〉，https://www.tbb.com.tw/web/guest/-623（最後瀏覽日：08/20/2020）。

[28] 作者製圖。修改自台灣工研院「無形資產融資申請須知說明」，https://www.youtube.com/watch?v=2rnUQl1oK3Q（最後瀏覽日：08/05/2020）。

4.3 無形資產融資的核心步驟：台灣工研院的「二段式」專利評估體系

4.3.1 第一階段：指標評估暨專利篩選

　　為了積極推動技術領域的專利布局規劃，台灣工研院結合其多年的專利運營經驗，發展出一套綜合市場預測、技術預測、法律分析的高價值專利篩選方法。該方法不僅服務於新創企業的專利布局與規劃，更是被應用於由工研院所主導的台灣無形資產融資。[29]

　　台灣的無形資產融資（以專利權為主）中，通過工研院的專利技術評估並獲得「推薦」，是台灣的新創企業和中小企業取得專利融資的關鍵一步。在這一階段，工研院遵循其內部的盡職調查程序，從技術、專利、法律、市場這四個一級指標及其所屬多個二級指標來定性評估一項專利或技術的價值。例如在評估專利的技術面向時，即包含「技術成熟度（Technology Readiness Level，TRL）」這一指標，TRL 評分與專利的技術成熟度成正比，與投資該專利的風險成反比。[30]

　　在工研院技轉中心的協助下，該專利價值的指標評估方法（表 20）由工研院內部智慧財產分析團隊完成，該團隊由其內部研發人員、技術產業分析人員、以及法律合規人員等組成，必要時得聘請外部各個領域的專家組成複審委員會進行複審。[31]工研院會依據該報告的評分結果，向信保基因以及銀行推薦具有高度研發投產價值的專利。

---

[29] 參見王鵬瑜、劉智遠、張展誌、芮嘉瑋、翁國曜、林家亨、楊麗慧，同前揭註 22，頁 29。

[30] 「『技術成熟度（Technology Readiness Level，TRL）』指標，分為 1 到 9 個等級，TRL 數字愈大表示成熟度愈高，TRL 1、2 分是基礎研究成果，TRL 3、4 分是雛形系統技術，大量生產技術則為 TRL 8、9 分，一般被評價為 TRL 7 分以上的專利技術較為成熟，其投資風險度亦較小。」參見呂美玲（2017），《技術專利權評價暨損害賠償之研究——以工研院智慧財產權營運模式為例》，頁 138，國立交通大學科技法律研究所碩士論文。

[31] 參見台灣工研院「無形資產融資申請須知說明」，同前揭註 28。

解構兩岸知識產權證券化：法律實踐及其潛在挑戰

表20　台灣工研院的專利指標評估體系暨專利篩選[32]

一級指標	技術面向	專利面向	法律面向	市場面向
二級指標	TRL	防逆向工程可能性	依據相關專利所涉及的細部法律規範進行評價	潛在市場大小
	產業利用性	侵權可能性		商品化潛力
	新穎性	專利有效性		所屬行業領域
	進步性	專利保護範圍		特定產業應用範圍
	技術競爭性	生命週期		跨產業應用範圍
	其他	專利類型		競爭使用可能性
		專利家族數		其他
		其他		

　　綜上所述，在由工研院主導的專利融資程序中，工研院首先進行的是專利價值的定性評估程序，該程序採用了專利價值的指標評估法，其目的是為了從法律、市場、專利、技術多個評估面向來篩選出適合投資的高價值的專利。[33]

4.3.2 第二階段：專利價值的量化評估

　　在篩選出具有未來商業價值的專利後，台灣工研院的第二階段專利評估即為專利價值的量化評估，此評估報告須滿足一般的財會要求，以便確定該專利

---

[32] 作者製表，整理自呂美玲，同前揭註30，頁106、143；李怡秋、陳秋齡，同前揭註16，頁27；周一成（2005），《台灣工業技術研究院衍生加值經營之研究》，頁82，國立交通大學科技管理研究所碩士論文；陳乃華（2010），〈專利權評價模式之實證研究〉，《臺灣銀行季刊》，61卷2期，頁281。

[33] 「工研院技轉法律中心執行長王鵬瑜表示，『將由三方面來審查新創或業者提交的無形資產（目前以專利為主）：市場面、專利面與權力面。提交的專利必須具有市場潛力、專利的法律文件需齊全，並要確保在市場上擁有相當的專利權力。』」參見參見數位時代（08/28/2019），〈用專利借錢！工研院攜手台企銀、信保基金，讓新創靠IP就能貸款〉，https://fc.bnext.com.tw/%E7%94%A8%E5%B0%88%E5%88%A9%E5%80%9F%E9%8C%A2%EF%BC%81%E5%B7%A5%E7%A0%94%E9%99%A2%E6%94%9C%E6%89%8B%E5%8F%B0%E4%BC%81%E9%8A%80%E3%80%81%E4%BF%A1%E4%BF%9D%E5%9F%BA%E9%87%91%EF%BC%8C%E8%93%93%E6%96%B0/（最後瀏覽日：07/25/2020）。

權的貸款和保證金額。此專利權的量化評估報告可由工研院出具，也可由具有資質的資產評估公司出具。[34]除前兩者之外，台灣的「信保基金」和銀行在分別就該無形性資產融資進行保證或者貸款的審查時，也會針對專利權的量化價值進行相關的盡職調查程序。[35]

然實踐中，關於專利權的市場價格該如何評定並未出現一套標準化的評估流程及其配套的監督管理辦法，故而此前有關專利價值的量化評估，其評估結果之公信力稍弱。有鑒於此，2017 年修正的「產業創新條例」第 13 條重在「事權集中」，旨在將以協助企業實現無形資產價值為目標的專利權評估機制的建立職能落實到一個特定的單位，亦即台灣工研院的直屬上級行政單位。[36]為了提升企業的研發動機，並因應「產業創新條例」修正案第 13 條中有關落實無形資產評價標準化機制的規定，工研院受其主管機關委託與 2017 年起正式舉辦無形資產評價師能力鑑定考試，意圖培訓具有跨學科綜合分析能力的無形資產評估人員。[37]

4.3.2.1 專利評估人員之培訓與能力鑑定

為了推動台灣知識經濟的長久發展並因應「產業創新條例」的修正，台灣工研院受其主管單位委託進行專利資產評估人員之培訓工作。區別於以往工研院主持的其他產業人才職能能力鑑定考試，此次評估人員的能力鑑定傾向於選拔兼具技術、法律、商業分析的綜合性人才，考量之內容亦著重於科學技術的

---

[34] 「工業局委託工研院技術轉移與法律中心協助規劃推展無形資產評價諸多相關業務，包括訂定及落實評價基準，建立及管理評價資料庫、培訓評價人員、建立評價人員與機構之登錄機制、評價人員與機構登錄後管理機制，並於 2019 年規劃舉辦了無形資產評價人員中級及高級能力鑑定考試，通過高級能力鑑定考試後，即取得主管機關核發的無形資產評價人員登錄證書，即可執行無形資產評價業務」。參見王鵬瑜、劉智遠、張展誌、芮嘉瑋、翁國曜、林家亨、楊麗慧，同前揭註 22，頁 29。另參見呂美玲，同前揭註 30，頁 143。

[35] 參見台灣工研院「無形資產融資申請須知說明」，同前揭註 28。

[36] 參見鄭丁旺（2018），《無形資產評價師中高級能力鑑定——無形資產評價：推薦序》，台北：財團法人台灣金融研訓院。

[37] 參見彭火樹（2019），《無形資產評價師中高級能力鑑定——無形資產評價》，頁 3，台北：財團法人台灣金融研訓院。

商業價值分析。[38]

　　為了規範無形資產（包括專利權在內）的評估人員培訓與選拔工作，工研院特聘請產業界、學術界等專家組成「無形資產評估能力鑑定專業委員會」，來共同主持無形資產評估人員的標準化培訓制度及其能力鑑定考試的命題工作。在通過該專業委員會的多次審議後，台灣於 2017 年正式確定了「無形資產評價管理師能力鑑定考試」制度。該能力鑑定考試共分為三個等級：初級（Level-1）測試定位為評價知識的推廣與普及，旨在吸引對無形資產評價由興趣之人士；中級（Level-2）測試為無形資產評價報告的閱讀分析能力鑑定考試，旨在培訓有閱讀評鑑報告需求之人士；高級（Level-3）測試為獨立撰寫無形資產評鑑報告之能力鑑定考試，旨在為製作評價報告選拔綜合性人才。[39]

　　2020 年，台灣無形資產評價管理師初級（Level-1）（表 21）與中級（Level-2）（表 22）能力鑑定考試之主要培訓與考試內容如下文所示，惟高級（Level-3）能力測試採現場問答方式進行，主要考察候選人針對指定代表案件的無形資產分析、評價方法與內容之選擇。[40]目前的台灣專利資產評估人員之培訓仍屬於實踐的起步階段，未來有關於該能力鑑定考試之細部培訓方案還會得到進一步的完善與規範。

---

[38] 同前註，頁 4。

[39] 同前註，頁 5。

[40] 參見台灣產業人才能力鑑定網站，〈無形資產評價管理師〉，https://www.ipas.org.tw/CV/AbilityBriefing List.aspx（最後瀏覽日：07/25/2020）。

表 21　台灣無形資產評價管理師初級測試內容（2020 年）[41]

初級（Level-1）		
科目	評價主題	評價內容
無形資產評價概論（一）	無形資產評價	可辨認無形資產與商譽
		國際財務報道準則（IFRS）之無形資產分類及項目
		無形資產基本概念、重要名詞即無形資產評價基本概念[42]
	無形資產評價之財務基本概念	基本會計概念（一般公認會計原則）
		財務基本概念
		財務報表分析之基本概念
智慧財產概論及評價職業道德	智慧財產基本概念	專利基本概念
		商標基本概念
		著作權基本概念
		營業秘密基本概念
	職業道德規範	評價準則第二號公報

---

[41] 同前註。

[42] 參見台灣會計研究發展基金會「評價準則公報」，https://www.ardf.org.tw/ardf.html（最後瀏覽日：07/25/2020）。

表 22　台灣無形資產評價管理師中級測試內容（2020 年）[43]

中級（Level-2）		
科目	評價主題	評價內容
評價概論及評價準則	企業評價基本方法	評價之基本觀念與原則
		財務報表分析與常規化
		基本分析(含總體經濟與產業分析)及利益流量預估
		折現觀念與應用
		評價之折溢價觀念
	基本評價準則	評價準則公報第一至六、八號、九號、十一號
無形資產評價概論（二）	無形資產評價準則	評價準則公報第七號
	無形資產評價基本方法	無形資產評價之常用方法
智慧財產權法	智慧財產權法	專利法
		商標法
		著作權法
		營業秘密法

4.3.2.2 專利權量化評估之標準化流程

　　台灣無形資產量化評估的一般流程為：先確認無形資產評價之目的，並就該評價目的遵循相關法令，再由評估人員採取符合目的之合理「價值標準」、「價值前提/假設」及其最適評價方法。[44]當評價人員評估一項專利資產時，該資產評估的規範流程如下：

　　（一）辨識專利權之性質。當評價人員評估一項專利資產時，首先應明確

---

[43]　同前揭註 40。

[44]　台灣會計研究發展基金會公開之企業「評價準則公報」第七號（無形資產之評價）第 3 條，http://dss. ardf.org.tw/ardf/av07.pdf（最後瀏覽日：07/25/2020）。

目標專利的特性，包括其所有權或特定權利狀態、功能、市場概況、應用面向等。[45]除此之外，評價人員還須與委託人確認專利權於企業其他資產的合併狀態，即應考量權利狀態及法律關係（例如是否涉及爭訟），經濟效益（例如成本因素、獲利能力）以及剩餘經濟效益年限等。[46]

　　（二）明確專利評估之目的。無形資產評估的目的通常包括：（1）交易目的，例如無形資產之質押與投保；（2）稅務目的；（3）法務目的；（4）財務報導目的；（5）管理目的。[47]在由台灣工研院所主貸之專利權融資模式中，該專利資產的量化評估價值是作為台灣信保基金的擔保與銀行授信的基準金額數，因此該評估是以交易為目的。

　　（三）評估報告「價值標準（standards of value）」之確定。價值標準是指評價報告價值的類型，在國際評價準則（International Valuation Standards，簡稱IVS）中又稱為價值基礎（Bases of value）。該價值基準是依據評估目的而確定的，前者會影響評估人員的評估方法選擇、評估前提之假設並最終影響評估結果。[48]在台灣的專利資產評估實踐中，評估人員可依據評估目的，採用「公平市場價值」或其他價值（例如「投資價值」）作為價值標準。[49]在價值標準確定的基礎上，評估人員還須配合不同的價值標準使用相應的「價值前提/假設」來輔助評估，後者一般是指評估人員在評估時預估或者假設專利權的未來使用情況，例如假設單獨應用或是合併應用，假設該專利未來於台灣投產或是全球化布局等

---

[45] 台灣會計研究發展基金會「評價準則公報」第七號第8條。

[46] 台灣會計研究發展基金會「評價準則公報」第七號第9條。

[47] 台灣會計研究發展基金會「評價準則公報」第七號第3條。

[48] 參見彭火樹，同前揭註37，頁34-35。

[49] 「『公平市場價值（Fair market value）』是指具成交意願及能力，瞭解相關事實，且均非被迫之不特定市場參與者，於公開未受限制之市場進行正常交易下，得以達成資產交換或負債清償之現金或約當現金的價格；『投資價值（Investment value）』是指資產對特定投資者基於其個別投資需求、營運目的及預期而具有之價值，該價值可能高於或低於其公平市場價值。此價值標準系基於可辨認之投資目的或條件，將特定資產與特定投資者相互連結。」參見台灣會計研究發展基金會「評價準則公報」第四號附錄二，http://dss.ardf.org.tw/ardf/av04.pdf（最後瀏覽日：07/25/2020）。

情境。[50]

（四）評價方法之選擇與運用。評估人員評價專利權的主要方法為收益現值法、市場比較法以及成本重置法。[51]在方法的選擇階段，評估人員應考量方法的適當性及獲得數據的穩定性，並將所採之方法及理由書寫於評價報告中。[52]台灣實踐中具體方法的計算過程與中國大陸的「資產評估」方法並不重大區別。惟有在評估方法的選用數量上，中國大陸的現行專利權證券化實踐中，一般只選用單一方法進行專利的價值評估；然台灣卻恰恰相反，規定只有在足以取得充分可觀數據支持時才得以採用單一評估方法，否則所有的專利量化評估均採用多種方法評估，待權衡各方法之結果後，再選取最終的價值估計數額。[53]例如台灣工研院在評估新創公司所擁有的專利時，其量化評估策略傾向於在使用成本法與收益法後，取價高者為準。[54]

然目前台灣的「無形資產評價師」的證照與人才培養仍處於較為初級階段，故而於 2019 年的台灣無形資產融資實踐中，專利權的量化評價報告仍由工研院內部 5 位具有國際評估證照的無形資產評估人員負責。[55]

4.4 當前台灣無形資產融資的成功範例

截止至 2019 年，台企銀已經通過無形資產融資項目協助「亞拓醫材」、「博信生技」、「瓏驊科技」三家公司以其專利權獲取融資，貸出總金額為 2500 萬

---

50 台灣會計研究發展基金會「評價準則公報」第三號第 5 條，http://dss.ardf.org.tw/ardf/av03.pdf（最後瀏覽日：07/25/2020）。

51 台灣會計研究發展基金會「評價準則公報」第七號第 18 條。

52 台灣會計研究發展基金會「評價準則公報」第七號第 13 條。

53 台灣會計研究發展基金會「評價準則公報」第七號第 14 條。

54 參見呂美玲，同前揭註30，頁 98、143。

55 「如工研院技轉法律中心執行長王鵬瑜所說：專利就是工研院的 DNA，因此工研院負責專利技術的審核。台灣也在推行無形資產評價師的證照與人才培養，但仍在較初期階段，所以評價由工研院內部 5 位具有國際證照的無形資產評價師負責。」參見數位時代，同前揭註33。

元（新台幣）。目前工研院正在評估與輔導中的企業還包括「雲派科技」、「柯思科技」等在內的 10 餘家，未來還會繼續推動這些企業進行專利權融資。[56]下文將詳述當前台灣無形資產融資的成功範例。

4.4.1「亞拓醫材」專利權融資案

亞拓醫療器材股份有限公司（簡稱「亞拓醫材」）成立於 2013 年 04 月，公司登記資本總額 5 億元（新台幣），實收資本額 2.4 億元（新台幣），其主營業務為醫療器材製造、生物技術研發等。[57]該企業目前的主研發地為台灣，主市場地在美國（約佔 90%）。[58]

在台灣，亞拓醫材所擁有的「導尿管裝置」專利（表 23），是創始人洪偉禎於 2014 年成功推出的一款新型便攜式導尿管裝置，該裝置為洪偉禎於 2011 年在美國史丹佛大學（Stanford University）進修時和課堂夥伴共同研發的一款創新競賽產品。

在美國，亞拓醫材的美國子公司（CompactCath, Inc.）於 2015-2019 年間，先後取得了該新型便攜式導尿裝置的 3 件相關專利（表 24），並陸續取得美國食品藥品監督管理局（U.S. Food and Drug Administration，簡稱 FDA）的上市許可及歐盟合格認證，並於國際上屢獲獎項。亞拓醫材亦憑藉該便攜式新型導尿裝置成功獲得台灣的無形資產融資。[59]

---

[56] 參見杜韻如（2019），〈鐵三角兌現創業夢想〉，《工業技術與資訊月刊》，335 期，https://www.itri.org.tw/ListStyle.aspx?DisplayStyle=18_content&SiteID=1&MmmID=1036452026061075714&MGID=1037135077051712354（最後瀏覽日：07/05/2020）。

[57] 參見台灣商工登記公示資料查詢服務，https://findbiz.nat.gov.tw/fts/query/QueryBar/queryInit.do。

[58] 「亞拓醫材現有銷售通路包括北美醫院，診所及線上通路，美商麥克森公司（McKesson Corporation）為亞拓醫療器材最大的主要客戶。」參見中國時報（08/28/2019），〈創新 IP 變資金 白手起家創業行〉，https://www.chinatimes.com/realtimenews/20190828001340-260410?chdtv（最後瀏覽日：07/25/2020）。

[59] 「亞拓醫材所研發的新型便攜式導尿裝置連續 3 年拿下德國 IF 設計發明獎，被美國有線電視新聞網（Cable News Network，簡稱 CNN）旗下的『Money』網站譽為『嘗試改變世界的三大發明之一』。手掌大小的蝸牛式導尿管不僅解決傳統導尿管攜帶不便的困境，也讓亞拓醫材成為台灣第一批獲得無形資產融資的公司之一。」參見陳怡如（2019），〈亞拓醫材：用創意敲開夢想大門〉，《工業技

解構兩岸知識產權證券化：法律實踐及其潛在挑戰

表23　台灣「亞拓醫材」專利權融資案之台灣專利資產[60]

	專利編號	M494598
1	專利名稱	導尿管裝置
2	申請人	亞拓醫材
3	專利權人	亞拓醫材
4	申請日	2014/10/16
5	專利權日	2015/02/01
6	發明人	洪偉禎、Naama Stauber
7	專利類型	實用新型

表24　台灣「亞拓醫材」專利權融資案之美國專利資產[61]

	專利編號	US8708999B2	US8974438B2	US10265499B2
1	專利名稱	Compact catheter assembly（便攜導尿裝置）	Compact catheter assembly（便攜導尿裝置）	Compact urinary catheter（便攜導尿管）
2	申請人	亞拓醫材美國子公司	亞拓醫材美國子公司	亞拓醫材美國子公司
3	專利權人	同上	同上	同上
4	申請日	2013/06/12	2013/10/01	2015/09/17
5	專利權日	2014/04/29	2015/03/10	2019/4/23
6	發明人	洪偉禎等	洪偉禎等	洪偉禎、Naama Stauber
7	專利類型	發明	發明	發明

　　2019年，在台灣工研院的無形資產評估及推薦下，亞拓醫材憑藉上述專利

術與資訊月刊》，335期，https://www.itri.org.tw/ListStyle.aspx?DisplayStyle=18_content&SiteID=1&MmmID=1036452026061075714&MGID=1037135077051712354（最後瀏覽日：07/05/2020）。

[60] 作者製表，數據來源參見台灣專利檢索網站，https://twpat.tipo.gov.tw/。

[61] 作者製表，數據來源參見美國專利商標局網站（USPTO），http://patft.uspto.gov/netacgi/nph-Parser?Sect1=PTO2&Sect2=HITOFF&p=1&u=%2Fnetahtml%2FPTO%2Fsearch-adv.htm&r=0&f=S&l=50&d=PTXT&Query=AANM%2F%22CompactCath%22（最後瀏覽日：07/25/2020）。另有正在申請中美國專利2件，參見美國專利商標局（USPTO）網站，http://appft.uspto.gov/netacgi/nph-Parser?Sect1=PTO2&Sect2=HITOFF&p=1&u=%2Fnetahtml%2FPTO%2Fsearch-bool.html&r=0&f=S&l=50&TERM1=CompactCath&FIELD1=AS&co1=AND&TERM2=&FIELD2=&d=PG01（最後瀏覽日：07/25/2020）。

共獲得台企銀 1000 萬元（新台幣）的融資。在評價該專利價值時，工研院指出亞拓醫材的新型便攜式導尿管裝置將將傳統長達 30 幾公分的導管裝置改裝成手掌般大小，大大提高了病患的生活品質，符合現代的人性化需求，因此具有較大發展潛力，故而在工研院的協助下，亞拓醫材得以獲得多國專利，並取得台灣首批無形資產融資項目的資格。[62]

亞拓醫材的創辦人洪偉禎認為，新創公司由於運營風險較大，鮮少於企業初期即獲得外部投資，亞拓醫材於創設之初亦僅依靠比賽獎金維持營運，直到後續獲得專利、通過 FDA 以及歐盟的認證後才逐漸由投資人青睞。目前台灣推行的無形資產融資無疑可在一定程度上幫助如亞拓醫材一樣缺少擔保，但擁有開發價值專利的中小新創企業渡過前期投入的資本難關。通過工研院的專業評估，也能在一定程度上改變投資者的傳統思維定式，進一步認可無形資產的價值。此外，獲得工研院認可的亞拓醫材除了能獲得是實質的資金投入外，還能讓企業被更多潛在投資者關注，對於新創公司來說，這又增添了一份潛在的投資機遇。[63]

後續，亞拓醫材將繼續在台灣「中小企業加速投資行動方案」的支持下，投入共計 5.5 億元（新台幣），在新竹生醫園區基地建置新廠，未來將導入智慧化及自動化系統，意圖擴大企業的研發與生產規模。[64]

4.4.2「博信生技」專利權融資案

博信生物科技股份有限公司（簡稱「博信生技」），成立於 2013 年 02 月，

---

[62] 「工研院技轉法律中心執行長王鵬瑜指出，傳統導尿管很長，病患外出時既尷尬又不方便，經過洪偉禎的創新設計，變成只有一個手掌大小的蝸牛式導尿管，大幅改善病患的生活品質，很有發展潛力，工研院藉助取得多國專利權，進行無形資產鑑價，台灣中小企銀貸款 1000 萬元（新台幣），並有創投公司表達投資興趣。」參見台灣生技醫療產業策進會（06/01/2020），〈研發迷你導尿管　醫生變創業家〉，https://ibmi.taiwan-healthcare.org/news_detail.php?REFDOCTYPID=0o4dd9ctwhtyumw0&REFDOCID=0qb83l07bqk4ak5p（最後瀏覽日：07/25/2020）。

[63] 同前註；另參見陳怡如，同前揭註 59。

[64] 參見經濟日報（08/02/2019），〈外媒譽嘗試改變世界的三大發明之一　業者擴大投資台灣〉，https://money.udn.com/money/story/5612/3966376（最後瀏覽日：07/25/2020）。

公司登記資本總額 4.5 億元（新台幣），實收資本額 1.9 億元（新台幣），其主營業務為藥物、醫療器材的研發製造等。[65]

博信生技創辦人王中信畢業於清華大學（新竹）醫學工程博士班，其於 2011 年在博士就讀期間研發出亞洲第一款超音波顯影劑，並因此在清華大學產業育成中心的協助下創辦了博信生技[66]，並就該超音波顯影技術於台灣（表 25）、美國分別申請了相關專利（表 26）。2019 年，博信生技的超音波顯影劑獲得美國 FDA 核准進入一期臨床實驗，目前已經與多家大型醫院達成合作意向，正試驗於應用在心血管疾病以及癌症的早期診斷與治療。[67]

表 25　台灣「博信生技」專利權融資案之台灣專利資產[68]

	專利編號	I552761
1	專利名稱	一種脂質微／奈米氣泡、及其最佳化之製備方法及製備裝置（超音波顯影劑）（an lipid-based micro/nano-bubble, and an optimized preparing method and equipment thereof）
2	申請人	博信生技
3	專利權人	博信生技
4	申請日	2013/05/03
5	專利權日	2016/10/11
6	發明人	王中信
7	專利類型	發明
8	專利狀態	消滅（2018/10/11）

---

[65] 參見台灣商工登記公示資料查詢服務，https://findbiz.nat.gov.tw/fts/query/QueryBar/queryInit.do。

[66] 參見劉映蘭（2019），〈博信生技：以專利突破募資瓶頸〉，《工業技術與資訊月刊》，335 期，https://www.itri.org.tw/ListStyle.aspx?DisplayStyle=18_content&SiteID=1&MmmID=1036452026061075714&MGID=1037135077051712354（最後瀏覽日：07/05/2020）。

[67] 參見台灣工業局（08/27/2019），〈無形資產融資記者會 經濟部促成工研院、臺企銀、信保基金聯手挺新創圓夢〉，https://www.moeaidb.gov.tw/ctlr?PRO=news.rwdNewsView&id=29195（最後瀏覽日：07/25/2020）。

[68] 作者製表，數據來源參見台灣專利檢索系統，https://twpat.tipo.gov.tw/。

表 26　台灣「博信生技」專利權融資案之美國專利資產[69]

	專利編號	US9687570B2
1	專利名稱	Method and device for producing optimized lipid-based micro/nano-bubbles（用於生產優化的親脂質微/納米氣泡之方法和裝置）
2	申請人	Trust Bio-sonics Inc.（博信生技）
3	專利權人	Trust Bio-sonics Inc.（博信生技）
4	申請日	2014/04/09
5	專利權日	2017/06/27
6	發明人	王中信
7	專利類型	發明

　　同樣作為首批獲得台灣專利權融資的企業，工研院表示，博信生技的超音波顯影技術是該企業獲得工研院推薦的關鍵，該技術可應用於心血管疾病以及作為癌症的早期診斷與治療，相較於現行的 CT 電腦斷層技術而言，超音波顯影技術的輻射較小，得以進行高頻率的治療也相對更為安全，有較大的未來市場需求。是故在工研院的推薦下，博信生技獲得了 1000 萬元（新台幣）的專利權融資額。[70]企業創辦人兼專利發明人王中信指出，新創公司在剛成立的 2 至 3

[69] 作者製表，數據來源參見美國專利商標局（USPTO）網站，http://patft.uspto.gov/netacgi/nph-Parser?Sect1=PTO2&Sect2=HITOFF&p=1&u=%2Fnetahtml%2FPTO%2Fsearch-adv.htm&r=3&f=G&l=50&d=PTXT&S1=(%22Wang,+Chung-Hsin%22.INNM.)&OS=IN/%22Wang,+Chung-Hsin%22&RS=IN/%22Wang,+Chung-Hsin%22（最後瀏覽日：07/25/2020）。另有正在申請中美國專利兩件，參見美國專利商標局（USPTO）網站，http://appft.uspto.gov/netacgi/nph-Parser?Sect1=PTO2&Sect2=HITOFF&p=1&u=%2Fnetahtml%2FPTO%2Fsearch-bool.html&r=0&f=S&l=50&TERM1=Wang%2C+Chung-Hsin&FIELD1=IN&co1=AND&TERM2=&FIELD2=&d=PG01（最後瀏覽日：07/25/2020）。

[70] 「同樣獲得融資的博信生物科技，王鵬瑜說，由清華大學介紹認識，這家公司是由一群清大博士生組成，他們吸引工研院的專利是超音波顯影劑，可應用於心血管疾病以及作為癌症的早期診斷與治療，相對於現行癌症治療評估現仍仰賴 CT 電腦斷層，但須受限於電腦斷層仍有輻射等疑應而無法進行高頻率治療，超音波造影未來將可視為多數癌症治療效果評估的主要工具，目前這項技術也已與數家大型醫院合作。」參見經濟日報（08/29/2019），〈用專利就向銀行借到錢 這三家新創公司有何獨門技術？〉，https://money.udn.com/money/story/5612/4017982（最後瀏覽日：07/25/2020）。

年間會遇到研發投入資金的「斷鏈」，彼時產品可能還未投產入市或市佔率不高，相應的企業就無法吸引外部投資，是故常常會陷入運營困境。現今由工研院聯合信保基金推廣的專利融資貸款，可作為科技新創公司的緩衝營運資金，從而起到孵化科創公司，吸引科技青年投身科創事業。[71]

4.4.3「瓏驊科技」專利權融資案

瓏驊科技有限公司（簡稱「瓏驊科技」），成立於 2003 年 03 月，公司登記資本總額為 1000 萬元（新台幣）。[72]該公司原本為一家主營電子零件代工製造的中小企業，後企業創辦人葉威成看準電動車發展趨勢，花費上千萬元新台幣自工研院技術移轉磷酸鐵鋰電池專利，並於 2019 年成功獲得 500 萬元（新台幣）的無形資產融資額。[73]

本案中，這款獲得工研院專利融資青睞的磷酸鐵鋰電池專利，其循環壽命較普通鋰電池而言有較大明顯的改善，且使用安全性亦較高，近年來頗受汽車、電動車等行業青睞。[74]目前瓏驊科技所擁有的專利資產在台灣（表 27）以及美國（表 28）的概況如下表所示。

---

[71] 參見劉映蘭，同前揭註 66。

[72] 參見台灣商工登記公示資料查詢服務，https://findbiz.nat.gov.tw/fts/query/QueryBar/queryInit.do。

[73] 「瓏驊科技是一家負責代工的中小企業，專注於電子零件生產製造及服務，老闆觀察到'代工都是賺辛苦錢，但現在有很多大公司都是靠無形資產再賺錢'所以瞄準電動車商機，並到處尋找與電動車有關的技術，最後花費上千萬的資金，向工研院材化所購買磷酸鋰鐵電池技術轉移，進而與工研院結識。」參見經濟日報，同前揭註 70。

[74] 「磷酸鐵鋰電池循環壽命是鋰電池的 4-5 倍，放電功率高於鋰電池 8-10 倍，可瞬間產生大電流卻不易發生危險，是近來頗受汽車、電動工具和航太等產業矚目的新一代二次動力電池。」參見中國時報，同前揭註 58。

表 27 台灣「瓏驊科技」專利權融資案之台灣專利資產[75]

	專利編號	I272623	I270994
1	專利名稱	一種具表面散熱結構之電感（power inductor with heat dissipating structure）	具有大電流放電能力之鋰離子二次電池（high rate capability design of lithium ion secondary battery）
2	申請人	台灣工研院	台灣工研院
3	專利權人	瓏驊科技	瓏驊科技
4	專利申請日	2005/12/29	2005/12/29
5	專利權日	2007/02/01	2007/01/11
6	專利讓與日	2018/10/01	2020/03/10
7	專利類型	發明	發明
8	備註	舉發記錄（2020/04/17）	舉發記錄（2020/05/21）

表 28 台灣「瓏驊科技」專利權融資案之美國專利資產[76]

	專利編號	US7803484B2	US8034480B2	US7429907B2
1	專利名稱	High rate capability design of lithium ion secondary battery（具有大電流放電能力之鋰離子二次電池）	High rate capability design of lithium ion secondary battery（具有大電流放電能力之鋰離子二次電池）	Power inductor with heat dissipating structure（一種具表面散熱結構之電感）
2	申請人	台灣工研院	台灣工研院	台灣工研院
3	專利權人	瓏驊科技	瓏驊科技	瓏驊科技
4	專利申請日	2006/03/21	2010/08/25	2006/10/27

[75] 作者製表，數據來源參見台灣專利檢索系統，https://twpat.tipo.gov.tw/。

[76] 作者製表，專利編號 US7803484B2 數據來源參見美國專利商標局，https://assignment.uspto.gov/patent/index.html#/patent/search/resultAbstract?id=7803484&type=patNum（最後瀏覽日：07/25/2020）；專利編號 US8034480B2 數據來源參見美國專利商標局，https://assignment.uspto.gov/patent/index.html#/patent/search/resultAbstract?id=8034480&type=patNum（最後瀏覽日：07/25/2020）；專利編號 US7429907B2 數據來源參見美國專利商標局，https://assignment.uspto.gov/patent/index.html#/patent/search/resultAbstract?id=7429907&type=patNum（最後瀏覽日：07/25/2020）。

5	專利權日	2010/10/28	2011/10/11	2008/09/30
6	專利讓與日	2019/09/06	2019/09/06	2018/05/21
7	專利類型	發明	發明	發明

　　然工研院技術轉移中心曾在接受採訪時表示，「以發明專利而言，第 5～10 年是專利商品化機會最大、價值最高的階段。」[77]而本案中，由工研院讓與瓏驊科技的之專利皆距其申請日達 9~15 年，距其專利核准日亦達 8~13 年之久，已趨近或超過專利高價值年限之上限，似乎與上述工研院之訪談言論有矛盾之處。是故，由工研院來評估自己所研發並技術轉移的專利，是否有潛在的「利益衝突」問題將在下一小節作進一步探討。

4.5 「台灣工研院模式」之評價與比較

4.5.1 台灣專利權融資實踐之總結及其局限

　　台灣的無形資產（專利權為主）評價融資項目打破了過去以有形資產為擔保的傳統貸款形式，直接以無形資產自身的價值進行融資。該項目由工研院以其自身多年的研發以及產業分析實力為背書，進行專利技術的價值評估與推薦，進而使中小企業獲得台灣信保基金的擔保以及銀行業的貸款。

　　截止至 2019 年，台灣的無形資產（專利權）評價融資成功範例共計 3 件（表 29），每家企業均獲得 500-1000 萬元新台幣的貸款額度。儘管這些資金相對於企業自身的發展需求來說仍然較少，其資金的適用範圍亦較為有限，但仍對獲得融資的企業具有重要的意義。回歸到個案本身，除「瓏驊科技」之專利來源於工研院外，其餘兩家企業的專利均為自行研發，且都在各自領域具有突破性進展。「亞拓醫材」與「博信生技」在獲得工研院的認可後，馬上就表現

---

[77] 參見台灣智慧財產局網站，〈把握專利生涯的黃金階段，作最佳化運用〉，https://pcm.tipo.gov.tw/PCM2010/PCM/commercial/04/ITRI.aspx?aType=4&Articletype=1（最後瀏覽日：07/25/2020）。

出了相應的市場熱度，兩家企業在後續都取得了其他機構的投資，這也是工研院的專業評估為這兩家新創企業帶來的關注效應。

表 29　台灣無形資產（專利權）評價融資之實踐案例總匯（2019 年）[78]

		「亞拓醫材」融資案	「博信生技」融資案	「瓏驊科技」融資案
1	公司成立	2013 年	2013 年	2003 年
2	主營業務	生醫器械	生醫器械	電子器材
3	融資金額	1000 萬新台幣	1000 萬新台幣	500 萬新台幣
4	融資專利	新型便攜式導尿裝置	超音波顯影技術	磷酸鐵鋰電池
5	專利來源	自行研發	自行研發	工研院技術轉移
6	專利申請日	2013-2015 年	2013-2014 年	2005-2010 年
7	專利讓與日	×	×	2019-2020 年
8	專利評鑑	台灣工研院	台灣工研院	台灣工研院

　　與其他兩案相比，「瓏驊科技」案中所融資之專利申請時間較早（集中在2005~2010 年），該專利申請日距離投資日（2019 年）約為 10 年左右。基於公開資料的有限性與不確定性，對於第三個案子「瓏驊科技」而言，其在 2019 年度獲得的專利融資金額（500 萬元新台幣）相對於企業向工研院購買該專利的技術轉移價格（上千萬元新台幣）似乎並不對等。此外，該批專利的技術轉讓日皆距其專利申請日達 9 年以上，距其專利核准日亦達 8~13 年之久，已然接近或超過一般專利的高價值階段（專利核准後的 5~9 年）上限。是故，由工研院來評估自己所研發的專利是否有「利益衝突」問題，似乎也可以作進一步的探討。

　　然需注意的是，台灣的無形資產融資項目於 2019 年才正式啟動，目前正處

---

[78] 作者製表。詳情參見第四章 4.4.1 至 4.4.3 小節。

於實踐探索的初級階段。[79]在此初級階段，台灣當局想要推廣以促進創新為導向的專利權融資，則須在符合資本市場規律的基礎上，盡可能的挖掘專利權的未來商業價值。是故，建構一套兼具專利價值挖掘與把控投資風險雙重職能的專利評估機制，成為了台灣推廣無形資產融資的關鍵。

　　一般而言，工研院對於台灣科技發展具有舉足輕重的歷史地位與無可替代的現實意義。是故，作為一個具有極強實力的科研機構，工研院不但擁有體量龐大的專利權，還一直承擔著台灣的專利開發布局與技術產業化轉移職能。[80]因此在台灣，目前只有工研院有能力承擔專利權未來價值的評估職能。一方面，台灣當局希望藉助工研院多年的專利研發與技術轉移經驗來構建一套合理的專利權評估機制，另一方面，台灣亦希望藉助工研院自身的專業度與公信力來重塑投資機構以往看重擔保的思維定式。

　　然財團法人工研院並不是一個非盈利組織，其本身就擁有大量的待開發專利。在這樣的背景下，工研院於專利權評估過程中的自我審查是不可避免的。這種自我審查並非工研院主動謀求的，而是因為其同時具有在技術研發上的主導地位，以及兼具在無形資產評估中的壟斷性審查角色所致。這種被動的自我審查所造成的潛在的「利益衝突」，是在台灣當局授權工研院評估職能之時就埋下的種子。對於目前正處於發展初級階段的台灣無形資產融資項目而言，作為監管者的台灣當局不僅要對工研院自我審查具有一定的容忍度，還需在某種程度上鼓勵工研院於制度推廣初期的自我審查。原因在於目前的台灣無形資產融資實踐，本身就是以工研院自身的研發實力及多年專利權運營經驗作為其專利權評價結果公信力的來源。事實上，台灣信保基金或者銀行等在參與無形資產融資項目時，亦均以工研院的公信力為基礎進行投資。[81]

　　然從項目的長久發展角度觀之，未來台灣的無形資產融資若是進入高速發展期，則需要監管者轉變其監管策略——亦即強化其對於關聯交易或評估機構

---

[79] 參見台灣工業局網站，同前揭註 67。

[80] 台灣工研院於台灣科技發展之重要作用及其特殊地位詳見第四章 4.1.1、4.1.2 小節。

[81] 台灣信保基金以及銀行的相關規定詳見第四章 4.2.2 小節。

自我審查的抑制。彼時則需要台灣為無形資產融資項目培育一個多元化的評估市場，從而能在避免工研院被動自我審查的同時，增加評估量能，甚或評估市場的競爭。目前，台灣當局委託工研院進行的「無形資產評價管理師能力鑑定考試」，實際已經表達了監管者希望專利權價值評估市場多元化、競爭化的遠期願景。

4.5.2 兩岸專利權融資實踐之比較

　　目前兩岸的專利權融資實踐均處於項目啟動的初級階段，儘管可比較之案例數較少，但仍然可從實證分析中可發現兩岸於專利權融資實踐之共性及其差異。儘管兩岸的專利權融資模式各異，但無論是中國大陸的專利權證券化，還是台灣的無形資產融資，兩種制度的創設初衷皆是為了使企業無需提供其他擔保，僅憑藉其專利權的市場化價值即可獲取融資。是故，兩種制度的構建內核並無不同。從宏觀的制度建構角度觀之，這兩種制度均為法規政策引導下的面向中小科創企業之無形資產融資。有別於傳統的企業融資形式，兩岸的專利融資制度皆以專利權本身的價值為融資金額的考量基準，而與企業的整體收益能力無關。然從微觀實踐層面的比較可知，兩岸的專利權融資在實踐操作上各有側重（表30）。

表 30　兩岸專利權融資實踐之比較[82]

		中國大陸	台灣
1	融資形式	專利權證券化	專利權評價融資
2	主要參與者	金融機構為主導	台灣工研院為主導
3	擔保機制	國有企業差額支付承諾	台灣信保基金貸款保證
4	融資對象	上市公司、中小企業[83]	中小科創企業

---

[82] 作者製表。

[83] 中國大陸的專利權證券化在融資對象的選擇上具有個案差異性。詳見第三章 3.3.2 小節。

解構兩岸知識產權證券化：法律實踐及其潛在挑戰

5	融資性質	債權性融資	專利權「夾層融資」貸款[84]
6	融資標的物	具有當前、未來商業化價值之專利權[85]	具有未來商業化價值之專利權
7	專利權評估者	資產評估公司、金融機構	台灣工研院
8	專利評估機制	專利市場價值的量化評估法或專利權的指標評估體系	工研院的「二段式」專利評估模式
9	評估人員培訓	中國大陸資產評估協會	台灣工研院

　　從表 30 中可知，中國大陸的實踐個案多傾向於遵循資本市場的集合資本邏輯，因而投資機構在遴選融資標的物（專利權）時，會更加傾向於選擇上市公司具有當前市場化價值之專利，以期在最大化融資的基礎上，降低投資風險。但這種以融資為導向的專利權證券化實踐則會將最需要資金扶持的中小新創企業排除在外。反觀台灣，在以台灣工研院的專利評估為核心的無形資產融資則以促進科技創新為導向，著重於挖掘專利權的未來市場化價值，因而不排除投資初創產業。同時依據專利的研發週期搭配了一個較長的還款期限，以期減少初創企業的資金流動壓力。然此舉會相應造成銀行的較大投資風險，是故在風險控制方面由台灣信保基金提供專項的貸款保證，且無論是「保證」還是「授信」皆須以台灣工研院所提供的專利評估報告為項目啟動的標準，無不體現出台灣工研院在該無形資產融資項目中的核心地位。

　　然而，工研院在台灣無形資產融資實踐中的核心地位及其評估公信力的來源是由其特殊歷史地位及其引領台灣科技發展的現實作用所共同造就的。歷史上的工研院就是以承接美國在台技術轉移為背景而成立的，其自成立伊始即專注於開發專利權轉移後的商業價值，並在此基礎上進行後續的專利研發布局與技術產業化經營。[86]在經歷多年的技術轉移與專利權產業化運營後，工研院對於

---

[84] 「夾層融資」為介於債權性與股權性之間的一種混合融資模式，詳見第五章 5.1.1 小節。

[85] 中國大陸專利權證券化基礎資產（專利權權益）價值評估標準具有個案差異性，詳見第三章 3.3.2 小節。

[86] 關於台灣工研院的歷史沿革參見第四章 4.1.1 小節。

專利權未來商業化價值判斷有著豐富的實踐經驗與獨到的判斷力。是故，銀行等金融機構在參與台灣的無形資產融資項目時，才會以工研院的專利權評估為其主要投資依據，甚至於在融資標的物的選擇上銀行會更信任工研院所研發或轉讓的專利。[87]

相較而言，中國大陸的科技發展起始於技術封鎖的時代背景下，各地的科研機構以及所屬不同層級國有企業皆承擔了不同領域的技術研發任務。[88]除此之外，這些分散的研究機構所開發的專利技術還存在著科研成果轉化率低，產學研脫節的問題。[89]是故，在不同的技術發展與科技產業化運營的背景下，兩岸之專利權評估機制的建立策略及其評估結果公信力的來源亦迥然不同。如果說「台灣工研院模式」——以工研院專利的評估為核心之知識產權融資，也許是金融機構、被融資方等多方博弈下達成的一種「創新」與「融資」之間的妥協或共識，那麼在不同時空背景下成長的中國大陸可否借鑒台灣的初期成功經驗，或者說中國大陸的研究機構可否複製台灣工研院的專利權評估模式，則會在下一章節作進一步的檢視。

---

[87] 台企銀在無形資產附收益型夾層融資貸款辦法中對於貸款對象以及貸款資金用途，參見臺灣中小企業銀行〈無形資產附收益型夾層融資貸款〉，同前揭註 27。

[88] 參見人民網（03/13/2019），〈中國科技創新走過一條什麼樣的路？〉，http://theory.people.com.cn/BIG5/n1/2019/0313/c40531-30973143.html（最後瀏覽日：08/15/2020）。

[89] 「從投入產出比來看，我國對科研的『世界級投入』所帶來的科技成果供給與社會需求之間還存在著相當大的差距，科技成果轉化率及產業化程度遠低於發達國家平均水平。從各方公布的科技成果轉化數據來看，我國每年的科技成果轉化率統計數字約為 10%~15%。」參見光明日報（03/15/2019），〈建立以需求為導向的科技成果轉化機制〉，http://www.gov.cn/zhengce/2019-03/15/content_5373810.htm（最後瀏覽日：08/15/2020）。

第五章　融資導向抑或創新導向：中國大陸現行專利權證券化制度之檢視

5.1 專利權證券化的融資導向：目的抑或手段？

　　通過前文之研究可以發現，專利權的證券化制度實際上是兩種價值取向的拉扯進而融合，這種融合是綜合衡量挖掘專利價值與證券化融資需求的結果性表現。是故，專利權證券化或者其更為上位的概念——專利權融資，應以擴大融資為導向，抑或以挖掘創新為導向，兩者之間並無絕對的取捨割裂。下文將以制度比較分析的視角，以台灣無形資產融資模式、韓國技術信用保證融資模式以及美國專利權證券化這三種專利權相關融資制度之不同實踐經驗，來檢視「融資導向」於專利權證券化或者專利權融資項目中的定位。

　　本文選取台灣以及韓國的專利權融資實踐作為比較對象，是源於兩者有以創新為導向的專利融資成功案例。選取美國的專利權證券化為比較對象是因為美國作為擁有全球高水平的自由市場以及專利保護體系的國家，能夠在兩種價值判斷產生碰撞時，為本文提供更加多元化的實踐經驗。

5.1.1 台灣無形資產融資

　　在 2017 年台灣「產業創新條例」修正案的推動下，台灣正式開啟了發展知識經濟的新紀元，其中的無形資產融資項目則是由台灣工研院、台灣信保基金以及銀行三方共同協作完成。目前該融資項目以專利權融資為主，其主要操作流程可歸納為專利評估、融資擔保以及專利貸款三大步驟。其中由銀行主導的

「專利權附收益型夾層融資貸款」，其性質介於債權性融資與股權性融資之間，即銀行有權依據借款合約的協議將該筆債務轉換成等價值的股票。[1]這種「債轉股」的制度設計加之信保基金的風險擔保，可在一定程度上提高銀行投資初創科技企業的積極性。然在台灣的專利權融資實踐中，真正促使銀行願意投資中小新創企業的關鍵，仍然在於台灣工研院對於專利權價值判斷的公信力。

作為台灣專利融資項目的啟動與核心步驟，獲得台灣工研院的「推薦」是中小科創企業獲得融資的關鍵。工研院以自身多年的研發與相關產業運營經驗為基礎，受其主管單位委託為該專利權融資項目制定了一套標準化的「二段式」專利評估流程：第一階段為專利技術的指標評估暨價值定性，第二階段為專利技術的市場評估即價值量化。[2]這種綜合的評估模式不僅可以評鑑專利權的市場價值，更能挖掘專利權的未來潛在價值。是故，在工研院專業度以及公信力的加持下，即便是還未申請專利的技術項目亦可在獲得工研院的評估與推薦後，取得台灣無形資產融資的資格。

作為一個非金融機構，由台灣工研院主導的無形資產融資項目無不呈現出該項目的「創新導向」，即以孵育中小科創企業為其宏觀目的，以幫助新創公司渡過前期的融資困境為其微觀面向。即便目前該項目的每筆融資金額較少（≤1000 萬元新台幣），其適用範圍亦有限，但在台灣工研院具有專業度以及公信力的技術評估加持下，新創企業在獲得工研院的推薦後，亦能取得市場上其他潛在投資者的後續關注。無論是為新創公司帶來實質的資金投入，還是為其帶來市場的重點關注，都是該無形資產融資項目為專利權人或是技術創造者們帶來的正面效應。而這種正面效應將會鼓勵更多的技術創新，並以此形成一個以創新為導向，以融資為手段的激發社會創新動能之正向循環效應。

目前，台灣的無形資產融資項目（以專利權融資為主）仍處於起步階段，截止至 2019 年底，台灣已實踐之個案數僅為 3 件，這從側面上也反映了該專利

---

[1] 「夾層融資（Mezzanine Financing）」是指介於股權增資（equity）與債務融通（debt）之間的一種融資方式，在一定條件下，資金出借者有權利將債務轉換成公司的股票。參見 Corry Silbernagel & Davis Vaitkunas, *Mezzanine Finance*, BOND CAPITAL, 1, 1-2 (2012).

[2] 有關台灣工研院二段式評估流程的具體闡述，參見第四章 4.3 小節。

權融資項目在實踐中的進一步推廣仍存在一定阻力——投資機構的「融資導向」思維定式。事實上，無論是由台灣當局享有絕對控制權的政策性基金——台灣信保基金[3]提供擔保，還是運用類似「債轉股」的銀行授信貸款模式，都是為了在專利權融資項目的制度建設層面迎合投資機構的「集合資本」價值取向。但是這種制度層面的構建僅在「程序」上符合資本市場的運作邏輯，而「實質」上吸引銀行等投資機構的關鍵還是在於融資標的物——具有未來商業化價值的專利權本身。此時，在這一專利權融資制度中引入一個具有公信力的專利權評鑑機構——台灣工研院，則可在幫助銀行判斷融資標的物價值同時，亦可幫助整個社會挖掘出具有創新價值的技術專利，從而最終達到專利法制度的「促進創新」意涵與資本市場的「集合資本」價值取向之間的微妙平衡。

5.1.2 韓國技術信用保證融資

韓國技術信用保證基金（Korea Technology Credit Guarantee Fund，簡稱KOTEC）成立於 1989 年 4 月，是韓國政府依據其本國法律[4]特別成立的非營利性保證機構。該機構的成立宗旨為藉技術信用保證制度為「輕資產、缺擔保」的中小企業提供融資擔保，以促進韓國中小企業之技術發展。KOTEC 的運營費用皆來自於政府，並受政府之監督與管理，其主營業務為提供技術保證、技術評估以及技術的運營管理諮詢服務。針對缺乏擔保，但擁有專利權等價值不明確、投資風險高資產的中小企業，KOTEC 會在經過專利評鑑的基礎上提供企業相應的融資擔保（圖 10），而無需企業提供其他額外擔保。[5]

---

[3] 台灣信保基金的董事及其監察人皆為台灣當局指派的代表（數據統計時間：2019 年 3 月）。參見台灣中小企業信用保證基金網站，〈台灣中小企業信用保證基金年報（2018）〉，頁 4，https://www.smeg.org.tw/down_img.aspx?siteid=&ver=&usid=&mnuid=5433&modid=11&mode=（最後瀏覽日：08/22/2020）。

[4] 韓國「新技術事業財務援助法（The Financial Assistance to New Technology Business Act）」，後於 2002 年改名為「韓國信用技術保證基金法（Korea Technology Credit Guarantee Fund Act）」。參見台灣經濟建設委員會（2006），《強化中小企業融資信用保證之研究》，頁 66，http://ebooks.lib.ntu.edu.tw/1_file/CEPD/94/1@293110.3497088632@.pdf（最後瀏覽日：07/29/2020）。

[5] 同前註。

圖 10　韓國技術信用保證融資模式[6]

　　為了吸引金融機構對中小科技公司的投資，KOTEC 於 2005 年 7 月發明出一套兼具專業度與準確度的技術評估系統 KTRS（KOTEC Technology Rating System）。KTRS 旨在評估企業的未來價值，而非其過去價值，因此在評估方法上採用指標評估體系，將企業的價值評估標準分為「技術」、「風險」兩個一級指標（圖 11）。其中技術面向又分為技術價值（Technology Value）、市場性分析（Marketability）、專利的商業化可行性（Business Feasibility）3 個二級指標。風險面向則依據企業內外部的環境變量因素來進行評估。經過多年的實踐檢驗，運用這套 KTRS 系統評估的中小企業之貸款違約率由最高時期的 5.1%降到了 2013 年的 4.0%。[7]

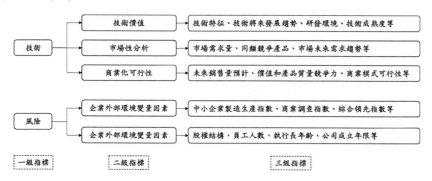

圖 11　韓國技術信用保證融資模式的配套 KTRS 技術評估系統[8]

---

[6]　SME 為中小企業（Small And Medium Enterprise）的縮寫。作者製圖，修改自台灣工業局（2016），
　　〈韓國文創與金融薈萃考察團報告〉，頁 81。

[7]　同前註，頁 19-20。

[8]　作者製圖，修改自同前註，頁 82；侍安宇、梁連文、黃博怡（2014），〈韓國文創產業融資發展模式
　　之借鑒〉，《中小企業發展季刊》，34 期，頁 92-93。

　　從上述信息中可知，韓國技術信用保證基金 KOTEC 是韓國以政府資金為支持，為了促進中小科創企業融資而創設的，其致力發展「創新導向」的專利權融資項目。申請該融資項目之企業只需以其專利權或技術作為鑑價標的即可，而無需提供額外的擔保，因此在實踐層面上為缺少擔保的中小企業實現了純粹的技術融資。

　　在此融資項目中，韓國技術信用保證基金 KOTEC 內部的「KTRS 技術評估」為該技術融資項目的核心步驟。「KTRS 技術評估」與傳統融資評估的最大區別在於，KTRS 並不倚重於金融層面的分析，也不去評估企業過去的收益，取而代之的是著重於評估企業的未來發展潛力以及其專利本身的技術價值與商業化潛力。換言之，KTRS 是韓國的創新挖掘機，該評估系統可篩選出正處於融資困境但又具有創新能力的企業，且該創新能力在未來的一定時間內將會帶來商業化利益。相比之下，KOTEC 配合銀行所提供的擔保融資則僅為企業發明創造的誘因以及輔助手段。

　　然不可否認的是，以國家財政為支持的 KOTEC 信用保證相較於其他保證形式來說其保證力度更強，相應之風險承擔能力亦更完備。是故從韓國的經驗來看，由國家財政作為融資擔保，並搭配以「創新挖掘」為導向的技術評估時，可以實現以挖掘專利價值，孵育中小新創企業的目的融資操作。

5.1.3 美國專利權證券化融資

　　自 2000 年起，美國的研究型大學，例如耶魯大學等即已開展專利權證券化的實踐。例如耶魯大學即聯合製藥公司以其藥物專利權之預期授權金現金流為基礎發行了債權性證券。然從實踐的角度觀之，美國的專利權證券化於資本市場上的表現顯然落後於一般的資產證券化。[9]

　　其緣由可能在於，專利權的授權制度本身就體現了國家鼓勵創新的內在法律邏輯，亦即專利權是一種為了鼓勵創新所生之法律上的權利概念，故而以專利權為基礎所發行之證券亦無可避免的成為國家鼓勵創新之延續。然即便是擁

9　*See* Dov Solomon & Miriam Bitton, *supra* note 14, at 165.

有較為完善之專利審查制度的美國，亦會在賦予發明人以專利權後，或由於缺乏新穎性、創造性等原因使得專利權處於無效的狀態。[10]是故，單單依靠國家的專利審查制度作為專利權的市場評估基礎，還遠達不到證券化之投資標準與風控要求。事實上也是如此，當權利狀態不明確、未來現金流不穩定之專利權支持證券與其他證券化產品同台競爭於美國的自由資本市場時，投資者們更傾向於選擇風險相對較小，收益相對較高的傳統型資產支持證券。因此從吸引投資者的角度視之，在專利權證券化的操作中，建立一套專利權投資之價值與風險評估系統，是推廣專利權證券化的首要條件。[11]

　　儘管專利權的特性並不利於證券化操作，但證券化對專利權人來說卻是一個理想化的融資項目。其原因在於，證券化的基礎資產通常為能產生預期現金流之債權即可，是故專利權人只需將專利權的授權許可債權作為基礎資產，即可發行債權性證券進行融資。這種融資操作既可幫助專利權人快速的回收價款，又無損於專利權人或專利使用權人的所有權或使用權，因此專利權人有極大的誘因進行專利權的證券化融資。然對於投資者來說，即便是經過價值評估的專利權也有可能因為科技的快速發展而貶值，因此美國一般以專利組合（patent portfolio）的方式進行證券化融資，以期最小化投資風險。[12]

　　從美國專利權證券化的實踐角度觀之，「融資」既是其發行證券之目的，又是其鼓勵創新之手段。作為一個擁有自由競爭市場的國家，美國的專利權證券化如若不以吸引融資為目的，則很難在高度競爭的市場上獲得一席之地，而融資的獲得又可反促於企業的創新動力。然問題在於，技術的發明並不是一蹴而就的，專利權的商業價值也不是在短期內即可實現的，在一個自由競爭的證券交易市場中發行專利權支持證券並不對投資者具有天然的優勢，若是無強力的風險分攤機制與信用保證機制的加持，則專利權的證券化將難以吸引投資者的關注。

---

[10] *Id.* at 168。

[11] *Id.*

[12] *Id.* at 169-170.

5.2 專利權證券化的創新導向：從專利法的立法原理出發

專利權證券化作為資產證券化的特殊形式，其於一般證券化的最大區別即在於其基礎資產（專利權）特性所帶來的投資風險。從上文世界各地的制度實踐中可知，專利權作為一種特殊的無形財產權，具有權利本身不穩定、權利確認方式模糊、價值評估困難等特點，與證券化的理想基礎資產特點大相徑庭。然政策為何仍然堅持推動專利權的證券化進程，或是進行專利權融資的相關操作呢？作為專利權的相關制度，專利權證券化制度背後的法律邏輯也許可以從專利法的經濟原理出發進行探討。

專利權對於商業的重要性不言而喻，無論是數以億計的專利申請與維護，還是專利的授權與侵權都會帶來一筆可觀的收入。然專利權的重要性並不僅僅針對個體（個人或企業）而言，一個國家整體的知識產權水平關乎其在國際間長久的經濟競爭力，故而專利法的創設之初即須在保護個人利益的同時，亦維護社會整體福利。隨著社會的發展，知識產權越來越成為國家資本、技術增殖以及國際貿易的重要組成部分，知識產權法律的改變甚至可以引導科技的進步以及國家經濟的發展。[13]因此，專利法及其相關制度構建通常須基於以下幾點考量：（1）激勵技術創新，（2）鼓勵技術公開，（3）促進技術商業化，（4）激發技術改進。這 4 個因素既是專利制度建立的誘因與功能，又是檢視一項專利相關制度是否合理的原理與標準。[14]

5.2.1 激勵技術創新

「激勵技術創新（The Incentive to Invent Theory）」論者認為：「專利權利的授予是為了鼓勵發明與創造，只有在確保發明人擁有其發明物的排他性使用收益的前提下，這些發明人才有回收其研發成本的可能。如若不然，發明前期的資金

---

[13] *See* HENRY E. SMITH ET AL, PRINCIPLES OF PATENT LAW 52 (2013).

[14] *Id.* 63-64.

投入與收益的不對定，可能會使潛在的發明者們對創造活動望而卻步」。[15]

　　然而，對於上述理論持有相左觀點的學者卻認為，寬鬆的專利權授予機制可能會造成激勵效果過於顯著，而驅使大量的企業或個人湧入某個狹窄的研究領域，產生出不必要的重複性研究活動，這反而會造成大量社會資源以及研究成本的浪費。然而，這些反對者可能只關注了科研的成本價值，卻忽略了重複性科研的創造價值，即便是致力於研究某個當下已經被解決的問題，也有可能在重複性科研活動中得到完全不同或者更加優秀的解法，從而可能引領某個研究領域的全方位技術升級，或者提供過多樣化的產品選擇。[16]

　　另一種批評該理論的聲音認為，為了激勵創新而將發明之未來全部社會價值都授權給發明人似乎稍欠妥當，原因在於隨著社會整體科研成果的累積，某些技術一定會在某個時間點被發明，時間早晚而已。故持這種假設的學者認為發明家的貢獻並不在於發明本身，而在於他們提早了這個社會發現並公開這項研究成果的時間點而已，因而專利權人並不能排他性的擁有全部的發明利益，而僅能擁有其對於提早發現並公開某項技術的獎勵。這樣的論述顯然認為科學本身就能激發人類足夠的探索慾，然而現實生活中除了某些高端技術領域之外，很難有人能在沒有外界誘因的前提下，對某項事務保持長久的好奇心。[17]而專利權的授予卻能在法律層面為促進社會創新提供一個長久的誘因與保障。

5.2.2 鼓勵技術公開

　　「鼓勵技術公開理論（Incentive to Disclose Theory）」是指專利權的授予是為了促進技術成果的公開。這個理論的假設前提為，若是沒有專利制度，則發明人傾向於使用商業秘密（trade secret）來保護發明，這種不對外公開的秘密保護制度，則會干擾基礎科學的研究發展以及社會整體信息的自由流通，甚至於

---

[15] *Id.*

[16] *Id.*

[17] *Id.* at 65。

阻礙公眾獲悉知識的權利並將導致無意義的重複性工作。[18]有鑒於此，專利的授予以「能夠實現（發明）的技術內容披露（enabling disclosure）」為前提。

　　然這種理論的批評者認為，商業秘密並不是一個專利保護制度的有效替代，當一件發明可被輕易的反向工程（reverse-engineered）時，則商業秘密即無用武之地。甚至還有學者認為，專利法中的「能夠實現（發明）的技術內容披露」也並未使專利技術資訊得到充分有效的公開，實踐中常常難以僅依據該專利文件上有限的公開信息來實踐該項發明。[19]是故，有關於專利制度是否能必然導致技術的公開，在實踐中仍然有很大的爭議，然專利法鼓勵技術公開的態度與其激勵技術創新原理的內在邏輯是一致的。

5.2.3 促進技術商業化

　　專利法的「促進技術商業化原理（Incentive to Commercialize）」來源於科斯定理（Coase Theorem），是指專利權制度就如同一個服務於政府的「拍賣會」平台，每個獲得專利權授予的發明則是被政府信用所背書的「待拍賣物」，通過由政府向社會中所有的潛在投資者公開宣告的方式（即授予專利權），讓這些被授予專利權的發明進入了公眾的視野，故而投資者、廣告運營商、經銷商等皆可在政府的公開信息平台上關注到有價值的專利。換言之，一旦發明物的權利邊界通過專利權的形式被固定，則社會中的各方投資者將會就該專利展開市場價值的討論與買賣，則最終使發明以專利的形式在各方參與者（多為企業）的投資運營下進行商業化生產與運作，從而發揮專利的市場價值最大化。[20]

　　專利權制度對於發明的意義在於賦予了發明者一個具有排他性的所有權，並幫助發明者進行了公開的宣傳與背書，從而吸引了更多的投資與關注。從反面角度觀之，若是一個發明者不申請專利權而免費向企業授權其發明，則企業不一定會就該發明進行商業化的生產，原因在於如果該發明很有價值，則會被

---

[18] *Id.*

[19] *Id.*

[20] *Id.* at 66-67.

同類競爭者侵權而剝奪利潤，更何況由於沒有政府專利權的授予，企業也無法確定該發明的基本價值，從風險評估角度考量亦不會投資該發明。[21]但值得注意的是，專利法上促進技術商業化原理僅僅意味著法律賦予發明者一個類似財產權的權利主張（claim），但這並不代表該發明已經呈現出最佳的市場化性質，是否能進行商業化的關鍵，仍然須從市場競爭以及交易成本等多重因素加以綜合考量。[22]

5.2.4 引導技術改進

專利法制度的最後一個原理是「引導技術改進（Incentive to Design Around）」，此為專利法制度促進技術商業化後的必然結果，即圍繞某個專利進行技術改進，以便使該專利的市場競爭力提高。[23]隨著科學技術的發展，原先的專利產品在市場上的生存空間亦越來越狹窄，此時發明人有極大的動機去升級該產品的生產工藝或改善其外形設計，從而獲得更多的市場生存空間。相應的資本也更加傾向於投資這種二次改造升級後的產品，因為其可能在擁有更低生產成本的基礎上實現更好的效用。可見，即便在促進商業化的引導下，專利法制度的建立亦可反作用於技術的升級與改進。

綜上所述，從專利法的立法原理視之，專利權證券化制度一般以專利授權許可所生之未來現金流為基礎進行債權性融資。這樣的交易模式在無損於專利權人所有權的基礎上，同時提早了其獲得專利授權金應收帳款的時間點，從而使專利權人提早回收其研發成本，因此能大大的激發專利權人的創新力。與此同時，專利權證券化是國家為專利權人搭建一個融資平台，該平台相較於風險投資、銀行貸款等傳統融資渠道來說其門檻更低。在政府公信力的背書下，獲得證券化融資的專利權更容易得到市場的其他參與者關注，從而在後續的商業化進程中獲得更多來自於市場方面的協助。相應的，良好的專利權商業化運作

---

[21] *Id.*

[22] *Id.* at 68.

[23] *Id.*

又會反過來激發專利權人、發明家們的創造發明積極性，最終為整個社會增加了知識產權的總體社會價值。是故，建設以創新為導向的專利權證券化制度，最終能增強國家的科技實力，提升其整體國際競爭力。

5.3 中國大陸現行專利權證券化運作機制之檢視

5.3.1 立法層面：融資為手段，創新為目的

專利權是法律保護智慧財產的一種形式。作為一種無形的智慧成果，智慧財產一旦被創造出來，即具有取之不盡，用之不竭的自然屬性。[24]這種區別於有形財產的非排他性，會導致智慧財產的複製成本遠遠低於其創造成本，並由此衍生出大量的「搭便車（free rider）」或者複製行為，而最終導致創造者無法收回研發成本。上述這種現象，會嚴重打擊發明者的創造積極性，並直接反作用於科技創新，從而引發經濟學上典型的「公共產品問題（public goods problem）」。[25]是故，法律創設了專利法制度來克服這種市場機制的失靈，即通過賦予發明者於一段時間內關於其發明創造的專屬權利——專利權，來排除市場上的不當競爭，保護發明者的權益。[26]

美國的法經濟學教授概括出了國家創設專利法制度的四大誘因，即「激勵技術創新」、「鼓勵技術公開」、「促進技術商業化」以及「激發技術改進」。

---

[24] *See* JANICE M. MUELLER, PATENT LAW 24 (2016).

[25] 知識或者信息（information）是一種「公共產品（public goods）」，因為它們不會因為被分享或者傳播而消亡，也很難界定或者阻止那些免費使用者。參見除了發明創造，公共產品的典型範例包括燈塔以及國防系統，以公共電視台的連續劇籌資為例，每個觀眾在看該連續劇時都有不捐款的動機（即不按比例承擔這些公共產品的費用），因為觀眾們知道無論捐款與否都能獲益（即都能觀看這個電視台的節目）。如果無法排除這種「搭便車（free ride）」現象，長此以往，則會造成公共產品（免費電視節目）的匱乏。*Id*, at 25.

[26] 參見 J. M. 穆勒（Janice M. Mueller）（著），沈超等（譯）（2013），《專利法（第3版）》，頁7，北京：知識產權出版社。

[27]追本溯源，這四大專利法的立法原理亦離不開國家鼓勵創新的內在法律邏輯，亦即專利權是一種為了鼓勵創新所生之法律上的權利概念。國家之所以建立專利法是因為專利權不僅保護了個體的利益，還關乎著一個國家整體的科技實力及其在國際間的長久競爭力。故而專利相關制度在其創設之初即須在保護個人權利的同時，亦促進科技創新——增進社會整體福祉。中國大陸的專利法制度亦遵循上述法律邏輯，即「為了保護專利權人的合法權益，鼓勵發明創造，推動發明創造的應用，提高創新能力，促進科學技術進步和經濟社會發展，制定本法。」[28]

　　2015 年，為了促進知識產權的價值應用，解決中小科創企業「輕資產，缺擔保」的融資困境，在中國大陸中央層級發布的政策性文件「關於深化體制機制改革加快實施創新驅動發展戰略的若干意見」中首次提出知識產權證券化的概念，並強調「探索知識產權證券化業務……是為了強化資本市場對技術創新的支持」，明確了該制度應以促進創新為導向。[29]換言之，中國大陸在廣義的行政法範疇，明確提出了知識產權的證券化應以擴大融資為手段，以鼓勵創新為目的。

---

[27] 詳見第五章 5.2 小節。

[28] 參見中國大陸專利法第 1 條。

[29] 「創新是推動一個國家和民族向前發展的重要力量，也是推動整個人類社會向前發展的重要力量……加快實施創新驅動發展戰略，就是……要激發全社會創新活力和創造潛能，……，強化科技同經濟對接、創新成果同產業對接、創新項目同現實生產力對接，……，營造萬眾創新的政策環境和制度環境。」參見中國大陸國務院網站（03/13/2015），〈關於深化體制機制改革加快實施創新驅動發展戰略的若干意見〉，http://www.gov.cn/xinwen/2015-03/23/content_2837629.htm（最後瀏覽日：02/23/2020）。另第二章 2.1.1 小節中所列表 2 之後續知識產權證券化相關文件均重申了「促進科技創新」的發展總目標。另 2020 年 4 月由國家知識產權局發布的最新通知中，亦重申了「充分發揮知識產權的市場激勵機制和產權安排機製作用，不斷增強我國經濟創新力和競爭力」的中國大陸知識產權經濟發展總目標。參見中國大陸國家知識產權局辦公室（04/30/2020）發布之「關於做好 2020 年知識產權運營服務體系建設工作的通知（財辦建〔2020〕40 號）」，http://www.gov.cn/zhengce/zhengceku/2020-05/07/content_5509474.htm（最後瀏覽日：08/15/2020）。

5.3.2 執行層面：鼓勵創新與集合資本的衝突

　　從立法的角度視之，中國大陸的專利權證券化以資本促進創新為目的，旨在為中小科創企業創設一種僅憑藉其專利權之價值即可獲取相應資金的融資模式。該制度一般以專利授權許可所生之未來現金流為基礎發行債權性證券，如此即可在無損於專利所有權或使用權的基礎上，使專利權人提早獲取收益，故而能激發專利權人的創新力。是故，在一系列中央政策的推動下，中國大陸分別在北京市、廣州市、深圳市等地開展了專利權的證券化實踐。

　　然從實踐的角度觀之，當法律創設的專利權制度結合證券化制度後，兩種制度內在的不同邏輯會在實踐中造成結合該制度於執行層面與立法層面的不對等，即專利權的證券化是兩種具有全然不同價值傾向之制度在其內部拉扯，因而會形成一種天然的「鼓勵創新」與「集合資本」的衝突。這個衝突可以從美國發展較為緩慢的專利權證券化實踐，以及兩岸相較而言僅為個位數的專利權融資實踐中得到側面的印證。

　　作為一種金融制度，資產證券化的內在制度及其法律邏輯為——擴大融資並維護交易安全，故一般的證券化基礎資產皆為能產生預期「穩定」現金流之債權。然就專利權的證券化而言，如若依照證券法的邏輯，則金融機構在選擇專利權時會偏好已具備穩定商業化價值之專利。在中國大陸的實際案例中，「文科租賃一期」案即較為傾向於證券法的邏輯。在該案中，獲得融資的專利權人均為上市公司，且在選擇融資標的物時均以能在未來一定時間內（3 年內）產生預期穩定的收益價值作為專利權之評估標準。這樣的專利篩選標準固然能吸引投資，減小風險，但在鼓勵創新層面，卻將處於新創期的中小科技公司排除在外。從專利法的「促進技術商業化」原理中可知，即便是有價值的專利，其商業化進程也不是一蹴而就的，獲得專利權只是一項發明展示給公眾的第一步，後續仍然需要大量的資金支持。中國大陸的政策性文件中指出的「強化資本市場對技術創新的支持」顯然包含以市場資本扶持科技公司度過初創期融資困難之意涵。然實踐中的有些個案卻更傾向於遵循市場規律，例如北京「文科租賃一期」中的專利權評估標準顯然更符合資本市場的擴大融資與維護交易安全之

要求，而非以專利制度之邏輯——促進技術創新為考量基準。是故，儘管「文科租賃一期」的做法能使專利權的證券化在資本市場上具有一定的競爭力，但由於該案的適用目標企業過於狹窄，在實踐中並無法達到廣泛的促進科技創新之目的。此即為以證券法之邏輯實踐專利權證券化時產生的「鼓勵創新」與「集合資本」之衝突。

相反，若金融機構在實踐證券化之初，即以扶持中小新創企業，促進科技創新為目的，則亦無法避免因專利權之價值不確定性大所帶來的融資風險問題，故而為了維持基本的證券化操作，金融機構仍然須採取一些風險分攤機制。例如在廣州「開發區專利許可」案中，金融機構既選擇了上市公司的成熟專利，亦選擇新創公司之具有未來發展潛力的專利，並在同一個證券化融資案中將140件專利權打包作為整體進行融資，以期用專利權的多樣性來分散風險。「開發區專利許可」案的做法固然是在踐行以創新導向的專利權證券化，然其面臨的現實困境亦很顯然，即中國大陸的前置性專利價值與投資風險評估機制之不足。該機制的不足會讓金融機構在實踐以創新導向的證券化操作時陷入一個被動的境地，例如在「開發區專利許可」案，金融機構仍然須依賴於傳統的資產收益現值法來評估專利的價值，而作為能預估專利權未來價值之指標評估法，只能作為參考與輔助。是故，以創新為導向之專利評估制度的不足，是專利權證券化實現以創新為導向的首要攻克難關。

綜上所述，專利權證券化本質上為兩種不同價值邏輯的拉扯與共融。在中國大陸現行的證券化實踐中，由於專利價值評鑑機制的不足，使專利權證券化制度在執行層面出現「鼓勵創新」與「集合資本」之價值取向之爭，而打破這種衝突的關鍵在於如何在最小化風險的基礎上，挖掘專利權之未來價值。就本文對於當前世界各地專利權證券化的實踐觀察來看，我們可以從台灣工研院主導的無形資產融資以及韓國技術保證融資兩種以創新為導向的專利權融資模式中得到啟發，亦即構建一套專利權未來價值之科學評估機制並以國家或地區的政策性基金為擔保。專利權的評估機制把控風險的源頭——標的資產的價值，而國家財政擔保則僅僅為意外補救措施，前者為主，後者為次。然在中國大陸

的實踐個案中，皆以信譽良好之國有集團母公司來承接最終的風險，而忽視了對於專利權價值風險的把握，這對於其當前專利權證券化的實踐具有明顯的負面效應，應當引起立法者的足夠重視。

結論：中國大陸專利權證券化改革進路

　　專利權證券化制度蘊含了兩種價值取向的拉扯與進而之融合，而這種融合是綜合衡量挖掘專利權價值與證券化融資需求的結果性表現。在中國大陸現行的證券化實踐中，由於專利權評鑑機制的不足，使專利權證券化制度在執行層面出現「鼓勵創新」劣後於「集合資本」的實踐趨勢，而打破這種衝突的關鍵，則在於如何在最小化風險的基礎上，挖掘專利權之未來商業價值。

　　從專利權法的立法原理觀之，專利權制度是對國家促進創新之立法意圖的貫徹。這之中的制度原理，則在於專利權對於鼓勵創新進而促進競爭具有巨大作用，且這種作用不僅針對於單一微觀個體而言，宏觀來看，其還關乎整個國家的綜合科技水平及其在國際間長久的競爭力。是故，為激發一國國民的智慧創造潛力，各個國家和地區紛紛建立了自己的專利法制度，並試圖通過專利權證券化制度來緩解初創企業智慧財產與金融資源不匹配的難題。是故，國家作為源於科技創新之最終利益的索取權人，有著足夠的動力去主動承擔專利權融資所帶來的巨大投資風險。這種類似財產法中剩餘索取權理論（residual claimant）[1]的觀點，也很好的解釋了當前部分國家較為成功的實踐成果。例如擁有豐富專利權融資經驗的韓國，就選擇以國家財政支撐之韓國技術信用保證基金（KOTEC）作為中小科創企業的融資擔保。[2]比較世界各地之成功範例可知，韓國的專利權融資模式使中小企業僅憑藉其所擁有專利權之未來商業價值即可獲得相應的融資，而無需企業提供額外擔保。這種以國家財政為支持的專利權融資模式可在降低中小企業融資門檻的同時，降低作為放款方之金融機構的投

---

[1]　*See* Armen A. Alchian & Harold Demsetz, *Production, Information Costs, and Economic Organization*. 62 THE AMERICAN ECONOMIC REV. 777, 782-792 (1972).

[2]　詳見第五章 5.1.2 小節。

資風險，進而促進融資動作的順利進行。

　　就中國大陸知識產權證券化的當前實踐而言，其有限個案的共性表現為皆以信譽良好之國有集團母公司為融資擔保機構。這種與韓國類似的以國家財政為擔保性後盾的專利權融資模式，在一定程度上抑制了專利權預期價值難以判定所帶來的投資風險。然而，中國大陸在此處最為明顯的不足，則表現在專利權價值評估環節。專利權評估是影響融資額度的本質因素，也是風險防控的核心環節。因此，中國大陸在專利價值評估方面的不足，必然導致證券化的投資風險無法在源頭上得到有效抑制，而僅將公眾投資人的風險轉移到國家財政上而已，這並不利於專利權證券化制度的長久發展。作為專利權資產證券化的核心環節，專利權價值評估把控著證券化風險的源頭——標的資產的價值。比較實踐中的專利權評估策略可知，當前中國大陸在專利權估值環節，出現較大的實踐分歧：有些評估主體以融資企業之還款能力為主要考量指標，有些則以評估專利權的市場價值為主要標準。這一實踐中的混亂，實際反映了中國大陸整個專利權證券化制度存在運作邏輯之弊病，即其當前實踐個案係以「集合資本」為導向，而忽視了對於專利價值的挖掘。誠然，「集合資本」導向的專利權證券化更加契合市場規律，然該規律引導下的必然結果則是將最需要資金支持的中小新創企業排除在外，這實際上與專利權證券化鼓勵創新的制度設立初衷是相左的。而且在本文所觀察到的一些個案中，可以發現中國大陸的個別評估主體確實存在以挖掘專利權的未來價值為其評估標準，並因此將具有發展潛力之中小新創企業納入到融資範圍內。上述兩種專利權評估策略的差異，實則折射出專利權證券化的內在價值矛盾。是故，如何在制度層面引導「融資導向」的證券化制度服務於「創新導向」的專利權制度，是中國大陸利用知識產權證券化模式實現以「資本」促「創新」之關鍵。

　　在釐定與重塑中國大陸專利權證券化制度的過程中，以鼓勵創新為核心價值的「台灣工研院模式」就為其制度提供了一個值得借鏡的比較法客體。台灣工研院的「二段式」專利評估體系作為無形資產融資模式的核心步驟，能夠幫助市場和投資者有效挖掘出具有未來開發潛力之專利權，並進而幫助中小新創

企業在無需提供其他擔保的基礎上，實現以專利權進行融資。這種以科研機構為主導之專利權評估策略可作為中國大陸專利權證券化之實踐借鑒。

事實上，如若跳脫專利權融資的實踐層面，從一個更宏觀的制度審視角度對比兩岸之專利權融資實踐，則會發現無論是中國大陸的知識產權證券化，還是台灣的無形資產融資，兩種制度內部均呈現出資本市場的「集合資本」與專利法制度的「促進創新」之間的互相拉扯與共融。而這兩種價值觀相互作用下的結果性表象，則為兩岸在推廣專利權融資時呈現出現投資機構、擔保機構、專利權人等多方的博弈。台灣由於工研院的特殊歷史地位，因此在該博弈過程中金融機構與科技研者之間比較容易達成一個合作的共識——由工研院作為第三方評估機構。事實上，台灣工研院不僅可以為專利權的價值做出一個具有公信力的論斷，其還可憑藉自身的科研實力與產業分析運營能力，為獲得融資之中小新創企業的後續專利權運營與布局提供強有力的支持，而這亦極大抑制了銀行的投資風險。由此可見，台灣以創新為導向的無形資產融資實踐之所以能在多方博弈的資本市場保持其推廣可能性，關鍵在於工研院提供的專利權評估機制及其後續對於中小新創企業的專利權運營輔導。換言之，在台灣工研院的「背書」下，作為接受融資方的中小新創企業，其專利權的遠期變現能力亦得到了極大的提升。而在資本市場上，當借款人的信用價值及其所擁有之專利權開發潛力得到一定程度的確定時，銀行等投資機構自然會願意投資以專利權為主的無形資產，以期在這個科技改變世界的大環境下，分享知識產權的經濟價值。實踐中，銀行在加入由台灣工研院主導的無形資產融資項目時，還會設置一個類似「債轉股」之條款，這也印證了當融資標的物（專利權）以及接受融資方（中小新創企業）之商業潛力較為確定時，金融機構亦會有意願進入高成長度的科技投資領域。從經濟分析的角度觀之，台灣的無形資產融資之實踐亦可從博弈論（Game Theory）中的「納什均衡（Nash equilibrium）」原理[3]出發進

3　「納什均衡（Nash equilibrium）是指相互作用的經濟主體在假定其他主體所選擇的策略為既定的情況下選擇他們自己最優策略的狀態。」參見 N. Gregory Mankiw（著），梁小民、梁礫（譯）（2015），《經濟學原理（第7版）：微觀經濟學分冊》，頁373，北京：北京大學出版社。

行更深層次的論證。

就中國大陸的實踐現狀而言，中國大陸國家知識產權局已經成功開發出了一套專利權的「指標評估體系」。[4]該評估機制與台灣工研院的第一階段定性評估原理類似，皆從法律、經濟、技術三個面向運用多種指標綜合分析專利權的未來商業價值。在中國大陸的「開發區專利許可」案中，相關專利權評估主體亦運用了第一階段的評估原理來評估該案中的專利權。但由於沒有統一的法規引導，評價主體在專利權評估環節出現了明顯的個案分歧。是故，從立法層面確立以科研機構為主導的專利權評估機制並且加強對評估人員的培育，對於發展以創新為導向的知識產權證券化制度具有關鍵的推動作用。除此之外，評估結果的公信力以及中小新創企業的後續專利權運營模式亦為建立資本市場對於創新價值信任的關鍵。

綜上所述，作為擁有較為豐富之科研院所資源的中國大陸，可從立法層面引導這些科研機構從事類似台灣工研院的專利權評估工作。在未來實踐中，作為評估主體的科研院所可藉助國家知識產權局已開發之專利權「指標評估體系」，依據自身的研究背景進行特定領域的專利權評估。這種由不同科研院所構成的多元化評估機制可在增加評估量能的同時，亦增加專利權評估市場的良性競爭與評估結果之公信力。

---

[4] 參見第三章 3.2 小節。

參考文獻

中文書籍

鮑新中（2017），《知識產權融資：模式與機制》，北京：知識產權出版社。

程楠（2018），《企業改革實用指南：混改、PPP、資產證券化》，北京：法律出版社。

董濤（2009），《知識產權證券化制度研究》，北京：清華大學出版社。

傅宏宇、譚海波（2017），《知識產權運營管理法律實務與重點問題詮釋》，北京：中國法制出版社。

國家知識產權局專利管理司、中國技術交易所（編）（2012），《專利價值分析指標體系操作手冊》，北京：知識產權出版社。

韓良（編）（2015），《資產證券化法法理與案例精析》，北京：中國法制出版社。

洪艷蓉（2004），《資產證券化法律問題研究》，北京：北京大學出版社。

胡喆、陳府申（編）（2017），《圖解資產證券化：法律失誤操作要點與難點》，北京：法律出版社。

林華（編）（2017），《中國資產證券化操作手冊》，第 2 版，北京：中信出版社。

劉璘琳（2018），《企業知識產權評估方法與實踐》，北京：中國經濟出版社。

彭冰（2007），《中國證券法學》，第 2 版，北京：高等教育出版社。

彭火樹（2019），《無形資產評價師中高級能力鑑定—無形資產評價》，台北：財團法人台灣金融研訓院。

史欽泰（2003），《產業科技與工研院：看得見的腦》，新竹：財團法人工業

技術研究院。

王澤鑑（2013），《債法原理》，第 2 版，北京：北京大學出版社。

魏瑋（2015），《知識產權價值評估研究》，廈門：廈門大學出版社。

徐士敏等（編）（2019），《知識產權證券化的理論與實踐》，北京：中國金融出版社。

嚴駿偉等（編）（2016），《應收帳款資產管理及證券化實務》，上海：復旦大學出版社。

楊延超（2008），《知識產權資本化》，北京：法律出版社。

于鳳坤（2002），《資產證券化:理論與實務》，北京：北京大學出版社。

鄭丁旺（2018），《無形資產評價師中高級能力鑑定——無形資產評價：推薦序》，台北：財團法人台灣金融研訓院。

中國技術交易所（編）（2015），《專利價值分析與評估體系規範研究》，北京：知識產權出版社。

中國金融年鑑編委會（編）（2019），《中國金融年鑑 2018》，北京：中國金融年鑑雜誌社有限公司。

中國銀行業監督管理委員會宣傳工作部（編）（2018），《中國銀行業監督管理委員會 2017 年報》，北京：中國金融出版社。

朱錦清（2019），《證券法學》，第 4 版，北京：北京大學出版社。

中文譯註

Frank J. Fabozzi、Viond Kothari（著），宋光輝等（譯）（2014），《資產證券化導論》，北京：機械工業出版社。

J. M. 穆勒（Janice M. Mueller）（著），沈超等（譯）（2013），《專利法（第 3 版）》，北京：知識產權出版社。

N. Gregory Mankiw（著），梁小民、梁礫（譯）（2015），《經濟學原理（第 7 版）：微觀經濟學分冊》，北京：北京大學出版社。

Steven L. Schwarcz（著），倪受彬、李曉珊（譯）（2018），《結構金融：資

產證券化基本原則》，北京：中國法制出版社。

韋斯頓·安森（著），李艷（譯）（2008），《知識產權價值評估基礎》，北京：知識產權出版社。

碩博論文

高慧君（2008），《台灣工研院三個價值導向管理的創新》，國立交通大學科技管理研究所博士論文。

呂美玲（2017），《技術專利權評價暨損害賠償之研究——以工研院智慧財產權營運模式為例》，國立交通大學科技法律研究所碩士論文。

周一成（2005），《台灣工業技術研究院衍生加值經營之研究》，國立交通大學科技管理研究所碩士論文。

中文期刊

鮑新中、徐鯤（2018），〈專利價值評估：方法、障礙與政策支持〉，《知識產權戰略》，14 卷 7 期，頁 672-677。

陳沖（2010），〈知識產權證券化的法律路徑探析〉，《證券法苑》，3 卷，頁 194-209。

陳乃華（2010），〈專利權評價模式之實證研究〉，《臺灣銀行季刊》，61 卷 2 期，頁 269-281。

丁丁、侯鳳坤（2014），〈資產證券化法律制度：問題與完善建議〉，《證券法苑》，13 卷，頁 233-250。

董登新（2019），〈知識產權融資走向證券化〉，《中國金融》，01 期，頁 68-69。

賀琪（2019），〈論我國知識產權資產證券化的立法模式與風險防控機制構建〉，《科技與法律》，140 期，頁 48-56。

賀琪（2019），〈我國資產證券化 SPV 實體缺位與風險防控路徑〉，《社會科學動態》，8 期，頁 77-88。

解構兩岸知識產權證券化：法律實踐及其潛在挑戰

洪艷蓉（2019），〈雙層 SPV 資產證券化的法律邏輯與風險規制〉，《法學評論》，214 期，頁 84-98。

李程（2016），〈基於大數據分析的專利價值評估體系構建研究〉，《中國新技術新產品》，10 卷，頁 3-6。

李怡秋、陳秋齡（2017），〈智權推廣模式與實務——以工研院經驗為例〉，《智慧財產權月刊》，224 卷，頁 22-32。

梁美健、周陽（2015），〈知識產權評估方法探究〉，《電子知識產權》，10 期，頁 71-76。

林毅夫、李志贇（2004），〈政策性負擔，道德風險與預算軟約束〉，《經濟研究》，2 期，頁 1-21。

劉鵬（2018），〈專利證券化「基礎資產」適格性困境及法律對策〉，《中國海洋大學學報》，第 6 期，頁 103-109。

呂曉蓉（2014），〈專利價值評估指標體系與專利技術質量評價實證研究〉，《科技進步與對策》，31 卷 20 期，頁 113-116。

馬忠法、謝迪揚（2020），〈專利融資租賃證券化的法律風險控制〉，《中南大學學報（社會科學版）》，26 卷 4 期，頁 58-70。

邱天一（2011），〈信用評等機構於證券化之角色與責任——次貸危機後之觀察〉，《政大法學評論》，121 期，頁 313-392。

沈朝暉（2017），〈企業資產證券化法律結構的脆弱性〉，《清華法學》，11 卷 6 期，頁 61-74。

侍安宇、梁連文、黃博怡（2014），〈韓國文創產業融資發展模式之借鑒〉，《中小企業發展季刊》，34 期，頁 85-128。

蘇瓜藤（2018），〈台灣無形資產評價制度（上）〉，《月旦會計實務研究》，9 期，頁 13-24。

譚磊（2019），〈關於技術資產評估方法的選擇研究〉，《中國管理信息化》，22 卷 20 期，頁 18-19。

唐飛泉、謝育能（2020），〈專利資產證券化的挑戰與啓示——以廣州開發區

實踐為例〉，《金融實務》，93 卷，頁 114-124。

陶長高（2014），〈利率市場化與中國銀行業非標業務的發展〉，《國際融資》，10 期，頁 24-25。

王國剛（2019），〈中國金融 70 年：簡要歷程、輝煌成就和歷史經驗〉，《經濟理論與經濟管理》，7 期，頁 4-28。

王嵐（2019），〈從中美企業融資結構對比思考國內企業融資方式和債券融資環境〉，《科技視界》，11 期，頁 3-6。

王鵬瑜、劉智遠、張展誌、芮嘉瑋、翁國曜、林家亨、楊麗慧（2020），〈新興科技之專利實務——布局、審查及評價〉，《慶祝智慧局 20 週年特刊》，頁 29-47。

王偉霖（2013），〈論智慧財產證券化的法律問題——以證券化法、擔保設定及破產問題為核心〉，《科技法學評論》，10 卷 1 期，頁 1-60。

王文宇（2002），〈資產證券化法制之基本問題研析〉，《月旦法學》，88 期，頁 103-132。

吳金希、李憲振（2013），〈韓國科學技術研究院與台灣工業技術研究院推動產業創新機制的比較研究〉，《中國科技論壇》，10 期，頁 130-137。

吳希金（2014），〈公立產業技術研究院與新興工業化經濟體技術能力躍遷——來自台灣工業技術研究院的經驗〉，《清華大學學報（哲學社會科學版）》，29 卷 3 期，頁 136-145。

吳運發、張青、趙燕、龍湘雲（2019），〈專利價值影響因素及企業專利價值分級評估管理的探討〉，《中國發明與專利》，16 卷 3 期，頁 24-31。

肖國華、張瑞陽、唐蘅（2014），〈面向專利技術評估的專家維基系統建設研究〉，《情報理論與實踐》，37 卷 2 期，頁 117-121。

謝智敏、范曉波、郭倩玲（2018），〈專利價值評估工具的有效性比較研究〉，《現代情報》，38 卷 4 期，頁 124-129。

楊夢（2014），〈我國實施專利證券化的資產選擇與風險規制〉，《證券法律評論》，頁 383-402。

楊偉敞（2016），〈知識產權質押評估的基本要素特殊性分析及案例〉，《中國資產評估》，7 期，頁 36-45。

于磊、劉宇迪（2014），〈專利資產評估動態分成率問題探討〉，《中國資產評估》，6 期，頁 41-43。

苑澤明、李海英、孫浩亮、王紅（2012），〈知識產權質押融資價值評估：收益分成率研究〉，《科學學研究》，30 卷 6 期，頁 356-864。

張華松（2017），〈知識產權司法鑑定之價值評估〉，《中國司法鑑定》，1 期，頁 17-22。

朱尉賢（2019），〈當前我國企業知識產權證券化路徑選擇——兼評武漢知識產權交易所模式〉，《科技與法律》，138 期，頁 43-51。

中文網絡文獻

北京華信眾合資產評估有限公司（2018），〈中源協和細胞基因工程股份有限公司擬以無形資產出資項目資產評估報告（華信眾合評報字〔2018〕第 1161 號）〉，載於：http://www.vcanbio.com/2019gonggao/2019-002/2019-pgbg.pdf。

北京中同華資產評估有限公司，〈無形資產提成率的一種估算方法〉，載於：http://www.ztonghua.com/ImgContext/92084977-8747-4b14-a1d8-a00991cdf4fe.pdf。

陳怡如（2019），〈亞拓醫材：用創意敲開夢想大門〉，《工業技術與資訊月刊》，335 期，載於：https://www.itri.org.tw/ListStyle.aspx?DisplayStyle=18_content&SiteID=1&MmmID=1036452026061075714&MGID=1037135077051712354。

大紀元（09/25/2018），〈何清漣：債務拆彈——國企混改的驅動力〉，載於：https://www.epochtimes.com/b5/18/9/24/n10737763.htm。

第一創業證券股份有限公司披露（03/2019），《「第一創業—文科租賃一期資產支持專項計畫」說明書》，載於：https://www.firstcapital.com.cn/main/ycyw/zcgl/qxcp/zxlcjh/zxcp/ZX0010/cpgk.html#pictureOne。

杜韻如（2019），〈鐵三角兌現創業夢想〉，《工業技術與資訊月刊》，335 期，載於：https://www.itri.org.tw/ListStyle.aspx?DisplayStyle=18_content&SiteID=1&MmmID=1036452026061075714&MGID=1037135077051712354。

光明日報（03/15/2019），〈建立以需求為導向的科技成果轉化機制〉，載於：http://www.gov.cn/zhengce/2019-03/15/content_5373810.htm。

廣東省市場監督管理局（知識產權局）發布（4/20/2020），《廣東知識產權證券化藍皮書》，載於中國專利信息中心網站：http://www.cnpat.com.cn/Detail/index/id/460/aid/12178.html。

廣州市地方金融監督管理局網站（09/18/2019），〈廣州在深圳證券交易所成功發行全國首單純專利許可資產支持專項計劃〉載於：http://jrjgj.gz.gov.cn/zxgz/zbsc/content/post_2790818.html。

國家知識產權局知識產權發展研究中心（編）（2019），《2018 年中國知識產權發展狀況評價報告》，載於：http://www.sipo.gov.cn/docs/20190624164519009878.pdf。

經濟日報（08/02/2019），〈外媒譽嘗試改變世界的三大發明之一 業者擴大投資台灣〉，載於：https://money.udn.com/money/story/5612/3966376。

經濟日報（08/29/2019），〈用專利就向銀行借到錢 這三家新創公司有何獨門技術？〉，載於：https://money.udn.com/money/story/5612/4017982。

劉映蘭（2019），〈博信生技：以專利突破募資瓶頸〉，《工業技術與資訊月刊》，335 期，載於：https://www.itri.org.tw/ListStyle.aspx?DisplayStyle=18_content&SiteID=1&MmmID=1036452026061075714&MGID=1037135077051712354。

南方快報（09/11/2019），〈廣東發行全國首單專利許可知識產權證券化產品〉，載於：http://kb.southcn.com/content/2019-09/11/content_188973891.htm

平安證券股份有限公司披露（12/25/2019），《「平安證券—高新投知識產權 1 號資產支持專項計畫」說明書》，載於：https://stock.pingan.com/static/webinfo/assetmanage/securitizationInfo.html?id=3323。

人民網（03/13/2019），〈中國科技創新走過一條什麼樣的路？〉，載於：http://

theory.people.com.cn/BIG5/n1/2019/0313/c40531-30973143.html。

上海市發展和改革委員會網站（05/29/2015），〈《關於加快建設具有全球影響力的科技創新中心的意見》內容解讀〉，載於：http://fgw.sh.gov.cn/gk/zcjd/kczx/xgjd/20122.htm。

上海證券報（03/29/2019），〈第一創業於深交所成功發行我國首支知識產權證券化產品〉，載於：http://news.cnstock.com/news,bwkx-201903-4356463.htm。

數位時代（08/28/2019），〈用專利借錢！工研院攜手台企銀、信保基金，讓新創靠 IP 就能貸款〉。

搜狐財經（01/12/2005），〈林毅夫:國企政策負擔太重 私有化不是改革方向〉，載於：https://business.sohu.com/20050112/n223903598.shtml。

台灣經濟建設委員會（2006），《強化中小企業融資信用保證之研究》，載於：http://ebooks.lib.ntu.edu.tw/1_file/CEPD/94/1@293110.3497088632@.pdf。

台灣工業局（08/27/2019），〈無形資產融資記者會 經濟部促成工研院、臺企銀、信保基金聯手挺新創圓夢〉，載於：https://www.moeaidb.gov.tw/ctlr?PRO=news.rwdNewsView&id=29195。

台灣工業局（2016），〈韓國文創與金融薈萃考察團報告〉。

台灣工研院（2019），《工業技術研究院 2018 年報》，頁 50-53，新竹：工業技術研究院，載於：https://www.itri.org.tw/ListStyle.aspx?DisplayStyle=18&SiteID=1&MmmID=1036461236174225047。

台灣生技醫療產業策進會（06/01/2020），〈研發迷你導尿管 醫生變創業家〉，載於：https://ibmi.taiwan-healthcare.org/news_detail.php?REFDOCTYPID=0o4dd9ctwhtyumw0&REFDOCID=0qb83l07bqk4ak5p。

台灣中小企業信用保證基金網站，〈台灣中小企業信用保證基金年報（2018）〉，載於：https://www.smeg.org.tw/down_img.aspx?siteid=&ver=&usid=&mnuid=5433&modid=11&mode=。

楊業偉（2018），〈如何有效增加對迷你用企業貸款〉，《西南證券研究報告》，載於：http://pdf.dfcfw.com/pdf/H3_AP201811091241764174_1.pdf。

證券日報（01/02/2019），〈文化產業實踐融資新路徑——國內發行首單知識產權供應鏈 ABS〉，載於：http://capital.people.cn/BIG5/n1/2019/0103/c405954-30501231.html。

中誠信證券評估有限公司信用評級委員會（08/16/2019），〈「興業圓融—廣州開發區專利許可資產支持專項計畫」優先級資產自持證券信用評級報告（信評委函字〔2019〕A393-P 號）〉，載於：http://www.ixzzcgl.com/upload/20191119/20191119103439806.pdf。

中國大陸國務院網站（04/08/2015），〈知識產權局出台意見進一步推動知識產權金融服務工作〉載於：http://www.gov.cn/xinwen/2015-04/08/content_2843733.htm。

中國大陸國務院網站（08/19/2019），〈銀保監會有關部門負責人就「關於進一步加強知識產權質押融資工作的通知」答記者問〉，載於：http://www.gov.cn/zhengce/2019-08/19/content_5422299.htm。

中國金融新聞網（03/25/2019），〈解決小微企業融資難的建議〉，載於：http://www.financialnews.com.cn/ll/xs/201903/t20190325_156960.html。

中國經濟周刊（07/25/2017），國企負債總額 94 萬億元負債率達 65.6% 如何去槓桿？，載於：http://www.cb.com.cn/finance/2017_0808/1193635.html。

中國時報（08/28/2019），〈創新 IP 變資金 白手起家創業行〉，載於：https://www.chinatimes.com/realtimenews/20190828001340-260410?chdtv。

中央國債登記結算有限公司（2020），〈2019 年資產證券化發展報告〉，載於：https://www.chinabond.com.cn/cb/cn/yjfx/zzfx/nb/20200117/153611421.shtml。

中央通訊社（08/27/2019），〈台企銀助攻 3 新創靠 IP 獲無形資產融資〉。

中債資信評估有限責任公司（08/2012），〈國際評級機構信貸資產證券化評級相關問題解析〉，載於：http://www.chinaratings.com.cn/uploadfile/2012/0928/634844194971178946.pdf。

英文書籍

HENRY E. SMITH ET AL, PRINCIPLES OF PATENT LAW (6th ed. 2013).

JANICE M. MUELLER, PATENT LAW (5th ed. 2016).

Ronald S. Borod, *Origin and Evolution of Securitized Structures*, in SECURITIZATION: ASSET-BACKED AND MORTGAGE-BACKED SECURITIES (Ronald S. Borod ed., 2004).

英文期刊

Aleksandar Nikolic, *Securitization of Patents and Its Continued Viability in Light of the Current Economic Conditions,* 19 ALB. L.J. SCI. & TECH. 393 (2009).

Ariel Glasner, *Making Something Out of "Nothing": The Trend Towards Securitizing Intellectual Property and the Legal Obstacles That Remain*, 3 J. LEGAL TECH. RISK MGMT. 27 (2008).

Armen A. Alchian & Harold Demsetz, *Production, Information Costs, and Economic Organization.* 62 THE AMERICAN ECONOMIC REV. 777 (1972).

Claire A. Hill, *Securitization: A Low-Cost Sweetener for Lemons*, 74 WASH. U. L. Q. 1061 (1996).

Corry Silbernagel & Davis Vaitkunas, *Mezzanine Finance*, BOND CAPITAL (2012).

David J. Kaufmann et al., *Franchise Securitization Financings*, 27 FRANCHISE L.J. 241 (2008).

Dov Solomon & Miriam Bitton, *Intellectual Property Securitization*, 33 CARDOZO ARTS & ENT. L.J. 125 (2015).

Edward J. Janger, *The Death of Secured Lending*, 25 CARDOZO L. REV. 1759 (2004).

Edward M. Iacobucci & Ralph A. Winter, *Asset Securitization and Asymmetric Information.* 34(1) THE JOURNAL OF LEGAL STUDIES, 161 (2005).

Jennifer Burke Sylva, *Bowie Bonds Sold for Far More than a Song: The Securitization of Intellectual Property as a Super Charged Vehicle for High Technology*

Financing, 15 SANTA CLARA COMPUTER & HIGH TECH. L.J. 195 (1999).

Jian-Hung Chen & Yijen Chen, *The Evolution of Public Industry R&D Institute-the Case of ITRI*. R&D MANAGEMENT, 49 (2014).

Jose-Maria Fernandez, Roger M. Stein & Andrew W. Lo, *Commercializing Biomedical Research Through Securitization Techniques*, 30 NATURE BIOTECH.964 (2012).

Joseph C. Shenker & Anthony J. Colletta, *Asset Securitization: Evolution, Current Issues and New Frontiers*, 69 TEX. L. REV.1369 (1991).

Peter V. Pantaleo et al., *Rethinking the Role of Recourse in the Sale of Financial Assets*, 52 BUS. LAW. 159 (1996).

Robert Dean Ellis, *Securitization Vehicles, Fiduciary Duties, and Bondholders' Rights*, 24 J. CORP. L. 295 (1999).

Robert Stark, *Viewing the LTV Steel ABS Opinion in its Proper Context*, 27 J. CORP. L. 211 (2002).

Steven L. Schwarcz, *The Alchemy of Asset Securitization*, 1 STAN. J.L. BUS. & FIN. 133 (1994).

Steven L. Schwarcz, *The Parts Are Greater than the Whole: How Securitization of Divisible Interests Can Revolutionize Structured Finance and Open the Capital Markets to Middle-market Companies*, 1993 COLUM. BUS. L. REV. 139 (1993).

Thomas E. Plank, *The True Sale of Loans and the Role of Recourse*, 14 GEO. MASON U. L. REV. 287 (1991).

Thomas J. Gordon, *Securitization of Executory Future Flows as Bankruptcy-Remote True Sales*, 67 U. CHI. L. REV. 1317 (2000).

附錄一：中國大陸專利權證券化相關法
　　　　律法規匯總

國家知識產權局：關於公示「2018 年知識產權分析評議服務示範機構培育名單的通知」（知協函〔2018〕144 號），http://www.cnipa.gov.cn/ztzl/xyzscqgz/zscqfxpy2/1131122.htm。

國家知識產權局：關於做好 2020 年知識產權運營服務體系建設工作的通知（財辦建〔2020〕40 號），http://www.gov.cn/zhengce/zhengceku/2020-05/07/content_5509474.htm。

國家知識產權局：印發「知識產權分析評議工作指南」，http://www.cnipa.gov.cn/ztzl/xyzscqgz/zscqfxpy2/zc/1031800.htm。

中國保監會關於印發：資產支持計畫業務管理暫行辦法的通知（保監發〔2015〕85 號），http://www.gov.cn/zhengce/2015-08/25/content_5023887.htm。

中國大陸財政部、國家知識產權局聯合發布：關於加強知識產權資產評估管理工作若干問題的通知（財企〔2006〕109 號）」，http://www.sipo.gov.cn/gztz/1099636.htm。

中國大陸財政部：關於印發「資產評估基本準則」的通知（財資〔2017〕43 號），http://www.cas.org.cn/pgbz/pgzc/55908.htm。

中國大陸國務院：關於深化體制機制改革加快實施創新驅動發展戰略的若干意見，http://www.gov.cn/xinwen/2015-03/23/content_2837629.htm。

中國大陸國務院：關於印發「十三五」國家知識產權保護和運用規劃的通知（國發〔2016〕86 號），http://www.gov.cn/zhengce/content/2017-01/13/content_5159483.htm。

中國大陸國務院：關於支持海南全面深化改革開放的指導意見，http://www.gov.cn/zhengce/2018-04/14/content_5282456.htm。

中國大陸國務院：關於支持深圳建設中國特色社會主義先行示範區的意見，http://www.gov.cn/zhengce/2019-08/18/content_5422183.htm。

中國大陸國務院：粵港澳大灣區發展規劃綱要，http://paper.people.com.cn/rmrb/html/2019-02/19/nw.D110000renmrb_20190219_2-01.htm。

中國人民銀行、中國銀行業監督管理委員會公告〔2005〕第 7 號，http://www.gov.cn/gongbao/content/2006/content_161453.htm。

中國人民銀行等部委： 關於規範金融機構資產管理業務的指導意見（銀發〔2018〕106 號），http://m.safe.gov.cn/safe/2018/0427/8876.html。

中國銀行間市場交易商協會公告〔2012〕第 14 號，http://www.nafmii.org.cn/xhdt/201208/t20120803_16714.html。

中國證券監督管理委員會公告：證券公司及基金管理公司子公司資產證券化業務管理規定（中國證監會公告〔2014〕49 號），http://www.csrc.gov.cn/pub/zjhpublic/G00306201/201411/P020141121520376409374.pdf。

中國資產評估協會：關於印發「資產評估執業準則——利用專家工作及相關報告」的通知（中評協〔2017〕35 號），載於：http://www.cas.org.cn/pgbz/pgzc/55886.htm。

中國資產評估協會：關於印發「資產評估執業準則——無形資產」的通知（中評協〔2017〕37 號），http://www.cas.org.cn/pgbz/pgzc/55884.htm。

中國資產評估協會：關於印發「資產評估執業準則——資產評估方法」的通知（中評協〔2019〕35 號），http://www.cas.org.cn/gztz/61795.htm。

中國資產評估協會：關於印發修訂「知識產權資產評估指南」的通知（中評協〔2017〕44 號），http://www.cas.org.cn/pgbz/pgzc/55876.htm。

中國資產評估協會：關於印發修訂「專利資產評估指導意見」的通知（中評協〔2017〕49 號），http://www.aicpa.org.cn/ahzx/zybz/pgzz/1505433737290741.htm。

中國資產評估協會：關於印發修訂「資產評估價值類型指導意見」的通知（中評協〔2017〕47 號），http://www.cas.org.cn/pgbz/pgzc/55873.htm。

附錄二：台灣無形資產融資項目相關法律法規匯總

台灣「財團法人法」。

台灣「產業創新條例」。

台灣「工業技術研究院設置條例」。

台灣產業人才能力鑑定網站，〈無形資產評價管理師〉，載於：https://www.ipas. org.tw/CV/AbilityBriefingList.aspx。

台灣工業技術研究院，〈無形資產評價〉服務介紹，載於：https://www.itri.org.tw/ ListStyle.aspx?DisplayStyle=20&SiteID=1&MmmID=1036677772233472511。

台灣工業技術研究院「無形資產融資申請須知說明」，https://www.youtube.com/ watch?v=2rnUQl1oK3Q。

台灣會計研究發展基金會「評價準則公報」第一至十一號，載於：https://www. ardf.org.tw/ardf.html。

台灣智財局，〈台灣無形資產評價及融資介紹〉，載於：https://pcm.tipo.gov.tw/ PCM2010/PCM/commercial/show/article_detail.aspx?aType=1&Articletype=1 &aSn=641。

台灣中小企業銀行，〈無形資產附收益型夾層融資貸款〉，載於：https://www.tbb. com.tw/web/guest/-623。

國家圖書館出版品預行編目(CIP) 資料

解構兩岸知識產權證券化：法律實踐及其潛在
　挑戰 /費暘, 范建得著. -- 初版. -- 臺北市：
　元華文創股份有限公司, 2021.01
　面 ； 公分

　ISBN 978-957-711-197-5 (平裝)

1.專利法規 2.智慧財產權 3.資產證券化 4.論述分析

440.61　　　　　　　　　　　　109019035

解構兩岸知識產權證券化：法律實踐及其潛在挑戰

費暘　范建得　著

發 行 人：賴洋助
出 版 者：元華文創股份有限公司
聯絡地址：100 臺北市中正區重慶南路二段 51 號 5 樓
公司地址：新竹縣竹北市台元一街 8 號 5 樓之 7
電　　話：(02) 2351-1607　　傳　　真：(02) 2351-1549
網　　址：www.eculture.com.tw
E-mail：service@eculture.com.tw
出版年月：2021 年 01 月 初版
定　　價：新臺幣 350 元

ISBN：978-957-711-197-5 (平裝)

總經銷：聯合發行股份有限公司
地　址：231 新北市新店區寶橋路 235 巷 6 弄 6 號 4F
電 話：(02)2917-8022　　傳　真：(02)2915-6275